La Vía Láctea

Camino de dioses, almas y peregrinos

(Camino de Santiago)

María Victoria Veguín Casas

La Vía Láctea

Camino de dioses, almas y peregrinos
(Camino de Santiago)

Bohodón Ediciones S.L

La Vía Láctea
Camino de dioses, almas y peregrinos
(Camino de Santiago)

Primera edición: febrero de 2016

www.bohodon.es
Sector Oficios Nº 7
28760, Tres Cantos (Madrid)
e-mail: ediciones@bohodon.es

ISBN-13: 978-84-16355-69-3
ISBN-E-Book: 978-84-16355-70-9
Depósito legal: M-640-2016

Printed in Spain by Ulzama

Al doctor Carlos Mateo
que me ayudó a ver las estrellas de una nueva manera.

A Jesús Salas Parrilla
que de nuevo me acompañó en la creación de este libro.

A todos aquellos que han nacido un día 19,
entre ellos, Copérnico que nació el 19 de febrero
y mi sobrino Manuel Veguín García que nació el 19 de julio.

Índice

Capítulo 3
Un camino de dioses, héroes y estrellas

Capítulo 4
Dos caminos relacionados con las estrellas

Capítulo 5
La Vía Láctea asociada a diversos caminos

Capítulo 6
El cielo en el Camino

Capítulo 9
La Vía Láctea en el arte

Epílogo

Introducción

A finales del año 1997 publiqué un libro titulado *Matemáticas y Camino de Santiago*. En él traté de responder a algunas de las preguntas que me había formulado unos años atrás mientras recorría el *Camino Francés*. Entre ellas: ¿Qué conocimientos cartográficos tenían los peregrinos medievales? ¿Qué unidades itinerarias empleaban? ¿Cómo se orientaban? ¿Qué unidades empleaban en los mercados para comprar el pan, el vino, la carne, etc.? Las respuestas a estas preguntas iban proporcionando una historia de ciertos aspectos matemáticos ligados a la vida cotidiana. Otros temas abordados fueron el neopitagorismo en el arte medieval y la influencia de la peregrinación jacobea en la difusión del saber matemático. En este libro no se estudio la Vía Láctea y su relación con el Camino de Santiago.

Según la versión oficial la asociación entre la Vía Láctea y el Camino de Santiago quedó fijada por escrito en el capítulo I del libro IV del *Códice Calixtino* cuando se narra la aparición del Apóstol Santiago a Carlomagno. Sin embargo, la lectura atenta de este texto puede llevarnos a cuestionar esta asociación puesto que el autor escribe "*Caminus stellarum*" (Camino de estrellas) y no Vía Láctea. Hasta Galileo no se supo con certeza que la Vía Láctea estaba formada por innumerables estrellas. Entonces, para el autor del *Códice Calixtino* ¿el camino de estrellas que describe coincide con la Vía Láctea? ¿La Vía Láctea estuvo asociada con un camino de estrellas con anterioridad a Galileo? Estas preguntas me impulsaron a realizar una investigación sobre el tema.

En la *Bibliografía del Camino de Santiago* que publicó el Ministerio de Educación, Cultura y Deporte en el año 2000 se recogen 8614 referencias relacionadas con el Camino de Santiago desde el siglo XV. Al buscar en el índice analítico "Vía Láctea" solamente se encuentran cinco, explicitadas en la bibliografía, y que contienen muy poca información. Con posterioridad a esta recopilación se han publicado numerosos libros y artículos de temática jacobea, pero, de nuevo, poco sobre la relación entre la Vía Láctea y el Camino de Santiago.

En el catálogo de la Biblioteca Nacional de España la temática de los títulos que contienen la palabra Vía Láctea es muy variada: libros de poemas, canciones, novela, libro de cuentos, un libro de recetas de cocina basadas en el empleo de la leche... No he encontrado ningún ensayo que recopile los mitos, leyendas y opiniones que sobre la Vía Láctea han tenido las diversas culturas.

Todo ello me animó a escribir un libro teniendo en cuenta que, para conocer la vinculación entre la Vía Láctea y el Camino de Santiago, hay que indagar, en principio por separado en ambas cuestiones, para poder relacionarlas luego. En este sentido, el primer capítulo es un recorrido a través de las concepciones de diversos pueblos sobre la Vía Láctea en la Antigüedad, rescatando del inconsciente colectivo algunas creencias como la de vincular un alma con una estrella.

El segundo capítulo ofrece una visión, a grandes rasgos, de los avances científicos en el conocimiento de la Vía Láctea a partir de la Edad Media. Se introducen algunas curiosidades poco conocidas como que Galileo no consiguió la cruz de la Orden de Santiago o la asociación de Copérnico y Bruno con dos números primos gemelos.

El tercer capítulo comienza con algunas leyendas que, en distintas culturas, vinculan la Vía Láctea con caminos de dioses y héroes. Se dedica el resto del capítulo a analizar la leyenda cristiana que asocia el Camino de Santiago con un camino de estrellas y que se narra en el *Códice Calixtino*. La existencia de este libro fue conocida por el gran público tras ser robado en el año 2011 de la catedral Compostelana, a la que posteriormente fue devuelto. Su génesis en el siglo XII está envuelta en un misterio apasionante para los investigadores.

En el cuarto capítulo se analizan dos caminos milenarios de peregrinación relacionados con las estrellas y situados en dos partes opuestas del mundo: el camino Kumano en Japón y el camino de Santiago en Occidente. Este Camino, para muchos investigadores, es la cristianización de una ruta milenaria que pueblos diversos siguieron hasta las costas del oeste gallego buscando el lugar donde se pone el sol.

En el capítulo quinto se analizan las especulaciones sobre cómo pudo fraguarse la asociación entre la Vía Láctea y varios caminos de peregrinación en España e Inglaterra dando diversas hipótesis para que los lectores formen sus propias conclusiones. Otro objetivo del libro, capítulo sexto, es aficionar a los lectores a observar el cielo mientras caminan.

Las distancias en el sistema solar y en el universo son números enormes y difíciles de recordar. En el séptimo capítulo se ha elaborado un modelo para explicar esas longitudes tomando como unidad de medida 750 km, aproximadamente lo que un peregrino tiene que caminar desde Roncesvalles a Compostela por el Camino Francés. Los errores cometidos al tomar esta unidad para divulgación científica no son demasiado grandes en el sistema solar.

En el octavo capítulo se hace hincapié en el papel que las estrellas han jugado en el nacimiento de la ciencia y de la literatura. Posteriormente se recoge el tratamiento que sobre la Vía Láctea y el Apóstol Santiago hicieron en su obra tres de los grandes artistas del siglo XX: Federico García Lorca, Luis Buñuel y Salvador Dalí. Este último quiso organizar una peregrinación de hippies con John Lennon pero el proyecto no se pudo llevar a cabo.

En el último capítulo se analiza la influencia de la Vía Láctea en diversas manifestaciones artísticas relacionadas con la peregrinación jacobea resaltando algunas cuestiones que al caminante no informado le pueden pasar desapercibidas. El libro se acompaña de notas y una extensa bibliografía que puede servir de guía a todos aquellos que deseen seguir profundizando en este estudio.

Por último, mi agradecimiento a todas las personas que han hecho posible que esta obra se terminase, entre ellas: don Jesús Salas Parrilla que realizó un primer diseño de la maquetación y es el autor de muchas de las fotografías que en ella aparecen; a don José Antonio Ortiz Baeza, presidente de la Asociación de Amigos del Camino de Santiago de Madrid y a sus bibliotecarios, José María Novillo, Jesús Saiz y Pilar de Luis, por sus sugerencias de búsqueda; a don Ramón Sainero por introducirme en la peregrinación heraclea y en el mundo celta; a doña María Luisa Maillard y a doña Susi Trillo por la lectura de la obra y sus sugerencias; a todo el personal de la Biblioteca Nacional de España y de la Biblioteca Regional Joaquín Leguina por su amabilidad y a todos aquellos peregrinos, en especial a los de la Orden de Peregrinos del Camino de Santiago y a su presidente Rafael Bittini, que contribuyen a que siga amando el Camino.

Capítulo 1

La Vía Láctea en la Antigüedad

La Vía Láctea: un río celeste

Desde la antigüedad los hombres han visto en el cielo una mancha blanquecina alargada que no siempre se encontraba en la misma posición. Para explicar esta mancha todas las culturas se inventaron mitos y leyendas que se fueron sucediendo con el paso de los siglos.

Los antiguos egipcios pensaban que el cielo era plano y se apoyaba sobre las montañas y que la Vía Láctea había sido construida por Isis, que había regado una gran cantidad de trigo en el firmamento. Posteriormente creyeron que era una imagen del río Nilo, un Nilo celeste, un río sagrado que cruzaba el país de los muertos.

Sebastián Vázquez, en su obra *El Tarot de los dioses egipcios*, establece la hipótesis de la existencia de una peregrinación iniciática a lo largo del Nilo con el objetivo de visitar diversos templos con el fin de aumentar el conocimiento y la espiritualidad en cada etapa. Si esto fue así, que es muy probable, este camino terrestre tenía su reflejo en la Vía Láctea.

En la India se relacionaba la mancha blanquecina con su río sagrado, el Ganges. A lo largo de este río se situaron numerosas ciudades siendo una de ellas Benarés. Los hindúes realizan peregrinaciones a este río para bañarse en él, purificarse y meditar.

Los chinos llamaron a la Vía Láctea, *Tian Ho*, que significa el celeste *Ho*, ya que lo consideran el reflejo celeste del río *Ho* o río Amarillo. En su cuenca se han encontrado muchos yacimientos arqueológicos que demuestran que a lo largo de sus orillas hubo asentamientos desde la prehistoria. Es el río más unido a la historia de China. El aspecto blanquecino de la mancha les llevó a pensar que estaba hecha de seda. En el aspecto práctico los chinos relacionaban la Vía Láctea con el agua de las lluvias. En los periodos en los que la Vía Láctea se ve con mayor esplendor las lluvias son mucho más intensas.

Los japoneses también la relacionaban con un río celeste. Antiguamente se decía "El río de los cielos es el espíritu de las aguas". Así comienza un libro escrito en la primera década del siglo XX por Lafcadio Hearn titulado *El romance de la Vía Láctea*. En el primer capítulo de este libro narra una fiesta ancestral que se celebraba en Japón llamada *Tanabata-Sama*[1]. En ella se recordaba la siguiente leyenda:

Orihime era hija del Dios Supremo de los cielos. Pasaba los días tejiendo ropas muy delicadas para ella y su padre. Un día vio a un campesino joven y muy bello llamado Hikobushi. A pesar de que era un ser mortal y pobre, se enamoró perdidamente de él.

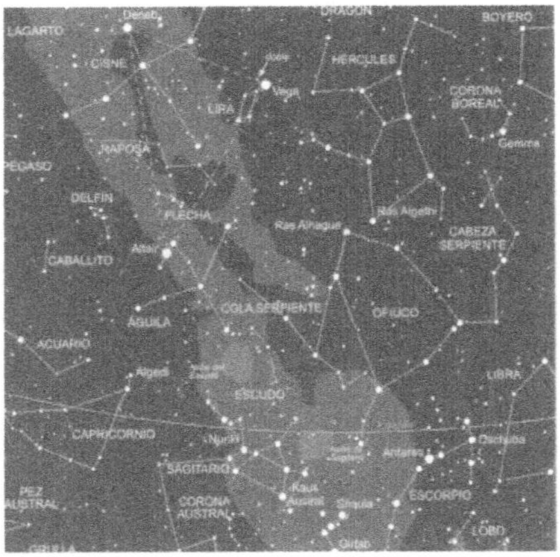

Las estrellas Vega y Altair separadas por la Vía Láctea. Guia de cielo 2013

Su padre, el Dios Supremo, quería a su hija y deseaba su felicidad. Le permitió casarse con el campesino. Los jóvenes enamorados pasaban los días y las noches entregados solamente a su pasión. Ella ya no tejía y el campesino ya no labraba los campos. Esto disgustó al Dios que decidió separarlos con el Gran Río (la Vía Láctea) por medio. No obstante, les permitía verse una vez al año, el día séptimo del mes séptimo del calendario lunisolar antiguo. Sin embargo, no siempre se podían encontrar ese día, dependía del estado del cielo. Si el cielo era claro, las urracas construían un puente para que los amantes lo pudiesen cruzar, pero si llovía, los márgenes del río se ensanchaban y los amantes tenían que esperar para intentar el encuentro el próximo año.

En las aldeas japonesas se cortaban ramitas de bambú y se ataban a ellas cintas de colores en las que iban escritos poemas para los amantes eternos y en las que se pedían deseos.

Esta leyenda tenía su origen en China donde también se celebraba un festival en honor de la diosa tejedora. En una de las versiones de la leyenda china, la esposa murió a los noventa y nueve años. Su espíritu subió al cielo y quedó convertido en estrella. Poco después de morir, descendió del cielo para visitar a su esposo que contaba ciento tres años. El esposo solamente quería convertirse en estrella y estar con su mujer. Tanto en China como en Japón la diosa tejedora de la leyenda se ha identificado con la estrella Vega de la constelación de Lira y su marido con la estrella Altair de la constelación del Águila.

A comienzos del siglo XX la fiesta de *Tanabata* estaba en decadencia en Japón y solamente se celebraba en el medio rural. En la actualidad se vuelve a celebrar en muchas ciudades, entre ellas Tokio, participando en ella numerosos centros comerciales.

Es interesante señalar que la localidad de Tanabe en Japón es un punto clave en el Camino de Kumano, un camino de peregrinación milenario del que se tratará en un capítulo posterior.

Pero no solamente en Egipto, la India, China y Japón se ha identificado la Vía Láctea con un río celeste, imagen a su vez de un río terrestre. También esa identificación se realizó en culturas de América del Sur, bien porque se la transmitieron, bien porque también ellos lo pensaron. Adriana López en su libro *De mitos, estrellas y cosmogonías en las tierras del cóndor sur* cuenta que en el pequeño pueblo de Misminay en Perú, pueblo en que sus habitantes conservan costumbres ancestrales, identifican el río Vilcanota con la Vía Láctea.

El río Vilcanota, como se llama a la parte alta del río Urubamba, uno de los más importantes de Perú, nace en la cordillera del mismo nombre en el departamento de Cusco en la parte suroriental de Perú. A lo largo de sus orillas se han encontrado numerosos restos arqueológicos preincaicos e incaicos. Un tramo del río corre paralelo al valle sagrado de los incas, en el que se encuentran el poblado de Misminay. Relativamente cerca se encuentra el Santuario de Machu Pichu, el lugar de mayor atracción turística peruano.

Existe una diferencia importante entre la forma de clasificar el cielo de los pueblos incas y la que tienen los occidentales. Los astrónomos incas en lugar de unir estrellas y formar constelaciones como los occidentales, se fijaban en las zonas oscuras del cielo entre estrellas y pretendían identificar estas zonas con determinados animales que a ellos les eran familiares; entre ellos la llama, el puma y la serpiente. La constelación andina llamada Yacana o Catachillay representa una llama celeste, la imagen de una llama terrestre. Esta constelación se encuentra en la parte sur de la Vía Láctea. Las estrellas alfa y beta Centauro forman sus ojos.

Los mitos griegos sobre la Vía Láctea

Los griegos acudieron a sus dioses para explicar la mancha celeste y crearon mitos. Entre ellos se pueden seleccionar dos. El primero se basó en observar que la Vía Láctea recordaba la ceniza gris que puede quedar tras un incendio. Y surgió una explicación para ello. Faetón era el hijo de Helios, el dios del sol, y de Climene. Para demostrar a sus amigos que, efectivamente, era hijo de Helios le pidió a su padre que le dejara conducir el sol.

La caída de Faetón Johann Liss
Wikipedia

El padre accedió. Faetón al conducir el carro del sol perdió el control de los caballos; el carro subía y bajaba ocasionando desastres que provocaban incendios en la tierra. Para terminar con esta situación Zeus, Júpiter en versión romana, envió un rayo contra el carro, que cayó convertido en una bola de fuego en el río Eridano (según comentaristas el río Po actual). Faetón se ahogó en el río pero los dioses se apiadaron de él y lo convirtieron en cisne.

El mito ha sido fuente de inspiración para literatos, pintores y músicos. Entre los literatos de nuestro siglo de Oro, le dedicaron una obra: el conde de Villamediana que escribió *La Fábula de Faetón* en 1629; Pedro Soto de Rojas, que escribió *Los rayos de Faetón* en 1639, y Pedro Calderón de la Barca que escribió *El hijo del sol, Faetón*.

También varios pintores se han hecho eco del mito en sus cuadros: Van Eyck, Nicolás Poussin, Pedro Pablo Rubens, Lucas Jordan, Pedro Pablo Pacheco y Goya. En el terreno musical el mito ha sido argumento de operas, poemas sinfónicos, ballets y tragedias líricas.

En la actualidad el mito sigue siendo fuente de inspiración para algunos artistas pero la gran mayoría ha olvidado a Faetón. Menos olvidado es el mito según el cual la leche derramada de la diosa Hera fue el origen de la Vía Láctea. Existen diversas versiones para explicar este suceso. Una de ellas nos cuenta que Zeus estaba casado con la diosa Hera pero fue infiel. Zeus, mediante un engaño, se acostó con Alcmena, una hija de un rey de Micenas, y por lo tanto, un ser mortal. Tuvieron un hijo, el Herácles griego o el Hércules romano. Hera intentó que el niño no naciese pero no lo consiguió. No obstante, el niño era mortal. Para ser inmortal tenía que beber de los pechos de Hera. Zeus engañó a Hera para que diera de mamar al niño pero cuando le estaba dando de mamar se dio cuenta del engaño y le apartó bruscamente de su pecho, derramándose un chorro de leche que se extendió por el cielo y dio origen a la Vía Láctea.

La palabra galaxia procede de una palabra griega de origen indoeuropeo que alude a leche. Los griegos llamaban galaxia a la visión de la mancha blanquecina en el cielo.

La vinculación de las almas con las estrellas

Desde el siglo V a. C. se tiene constancia escrita de una creencia que vincula el alma de una persona con una estrella, creencia que, sin duda, surgió miles de años antes y que se ha transmitido hasta la actualidad.

La primera civilización de la que se tiene noticias escritas es la civilización sumeria que se desarrolló en el sur de Mesopotamia. Ellos inventaron la escritura, la numeración, las medidas y las ciudades, entre ellas la ciudad de Ur. También construyeron edificios religiosos llamados *zigurats* e imaginaron dioses. La diosa Gula era la asociada a las constelaciones y a la salud. Luego, a partir de los sumerios, la salud se ligó al cielo de alguna manera. Esta idea también se transmitió a la Edad Media, en la que los médicos tenían conocimientos de astrología. Han quedado testimonios de que empleaban estos conocimientos cuando iban a efectuar alguna operación.

Al parecer fue en Mesopotamia donde se gestó la idea de que existía un alma de naturaleza aérea[2]. Los pitagóricos se hicieron eco de estas creencias, las elaboraron y las transmitieron. Lo cierto es que en el año 421 a. C. el comediógrafo griego Aristófanes estrenó en Atenas una obra titulada *La Paz*. Entre los diálogos de esta obra está la pregunta: "¿Es cierto entonces que el hombre al morir se convierte en una estrella?". Cuando Aristófanes estrenó su obra, Platón tenía seis años. La idea de la transformación de un alma en una estrella debía estar tan arraigada, que Platón la transmitió elaborada en el *Timeo*, uno de sus diálogos más conocidos y que más influyeron en los filósofos posteriores. En esta obra, escrita en torno al año 360 a. C. en plena madurez, el filósofo exponía un pensamiento que aseguraba la existencia de un alma en los seres humanos procedente de los fuegos eternos de las estrellas y que, posteriormente, si éstos habían vivido con dignidad, retornaban a los cielos.

Crisipo, máximo representante del estoicismo en la Atenas del siglo III a. C. atribuía a las almas una forma esférica igual que a los astros. La idea de que el alma retorna a los cielos pasó a los escritores romanos. Plinio el Viejo (23 d. C. -79 d. C.) se refirió a ello en el segundo tomo de su *Historia Natural* que está dedicado a la Astronomía y a la Meteorología. Macrobio en el *Comentario al sueño de Escipión* también habla de ello.

¿Cuándo penetró la idea de vincular un alma con una estrella en la Península Ibérica? Una respuesta precisa creo que es imposible. Podría ser desde la romanización ya que los soldados romanos participarían de ella, pero es probable que fuese anterior. Los celtas en la Península no dejaron documentos escritos aunque a través de autores como Julio César sabemos que eran aficionados a la astronomía y que rendían culto a la luna.

El nacimiento de la Vía Láctea Pedro Pablo Rubens
Museo del Prado

Esta asociación entre el alma de una persona y una estrella se ha mantenido en la imaginación de los españoles del norte peninsular a lo largo de los siglos hasta la actualidad. Alonso Romero reúne en su artículo "Las creencias astrales y el Camino jacobeo hasta Finisterre" diversos testimonios muy documentados, entre ellos los siguientes:

- En el siglo pasado los habitantes de los valles pirenaicos creían que cada persona tenía asociada una estrella y que al morirse la estrella caería. En Pallars, región en la provincia de Lérida, se creía que "las estrellas eran almas de muertos y que cuando nacía una persona nacía una estrella" [3].
- En algunas zonas de Asturias se conservaba la creencia de que las estrellas que se deslizaban por el cielo en las noches claras eran almas de personas recién muertas.
- En Galicia se creía que cuando se deja de ver una estrella es porque estaba transportando un alma que ha penetrado en el Paraíso.
- En el norte de Portugal al ver las estrellas fugaces se pensaba en almas que buscaban la entrada al Paraíso.

Esta creencia también la han mantenido algunos amantes del Camino de Santiago en el siglo XX. Juan Caamaño Aramburu escribió un artículo en la revista *Peregrino* titulado "*Camino estrellado*". En él propone la identificación de un peregrino con una estrella. Nos dice:

> Al elevar en la noche los ojos al cielo podemos ver en cada estrella de la Vía Láctea a un peregrino, desde el mismo obispo de Iria Teodomiro, al clérigo Aymeric Picaud, al joven ahorcado de santo Domingo de la Calzada, a don Elías Valina y a todos aquellos que forjaron el Camino sin dejar escrito su nombre, podemos vernos a nosotros mismos y a nuestros compañeros de peregrinación, a los albergueros y a los hospitaleros, podemos ver al Apóstol Santiago y a Santo Domingo, a San Juan de Ortega, incluso podemos ver a nuestra Madre la Virgen, al fin y al cabo fue su ayuda al Apóstol imprescindible para que el camino naciese. Millones de estrellas, todas unidas en un sentimiento común, en la misma ilusión, todas ofreciendo las mismas ampollas, el mismo sudor, la sed, la fatiga, pero sobre todo, enseñando la misma sonrisa, la que todo peregrino lleva en su rostro y en su alma [4].

Hay otra creencia que también se ha transmitido a lo largo de los siglos en algunos círculos: la vinculación del alma con una abeja que la transporta. Esta creencia, que estaba presente en Egipto, se transmitió por todos los pueblos del Mediterráneo llegando también a Inglaterra y Centroeuropa. En la España del siglo XIX hay indicios de esta creencia en Asturias y en Galicia[5]. A finales del siglo pasado, en la parroquia de Loureses en Orense, se creía que las abejas eran almas de los antepasados que venían de la luna.

También en Andalucía se debía conocer, ya que Federico García Lorca en un poema titulado *Los encuentros de un caracol aventurero* publicado en su primer libro de poemas dice:

Por el aire dulzón
ha cruzado una abeja
La hormiga agonizando
huele la tarde inmensa
y dice: es la que viene
a llevarme a una estrella.

El irlandés Walter Starkie escribe un diario a mediados del siglo XX en el que da cuenta de sus peregrinaciones a Compostela. En él se hace eco también de esta creencia.

La Vía Láctea: el Paraíso de los políticos

Varios escritores romanos, entre ellos Cicerón y Macrobio, transmitieron las ideas griegas sobre el ascesis del alma a los cielos. Cicerón escribió en torno al año 55 a. C. *De re pública (la cosa pública)*, un tratado en seis libros sobre filosofía, historia y política en los que se analizan las diversas formas de gobierno, inspirándose en la *República* de Platón. La obra se escribió en un momento complicado para la República romana.

En el libro VI se narra un pasaje que ha pasado a la historia, *El sueño de Escipión*, con el que termina la obra. En él, Escipión Emiliano el nieto adoptivo de Escipión el Africano, cuenta que durante una visita a África en la tercera guerra Púnica, sueña que se le aparece su abuelo y le revela el destino de Cartago y Numancia y la recompensa que les espera en el más allá a todas las almas que vivieron en la tierra por el bien de la patria. Almas que se formaron a partir del fuego primigenio de estrellas y constelaciones.

Cicerón se hace eco de las ideas pitagórico-platónicas sobre el fuego primigenio origen de las almas y también de que las almas de los políticos justos se encuentran cuando mueren en la Vía Láctea. Textualmente dice:

> Para que tú, Africano, estés más decidido en la defensa de la república, ten esto en cuenta: para todos los que hayan conservado la patria, la hayan asistido y aumentado, hay un cierto lugar en el cielo donde los bienaventurados gozan de la eternidad. Nada hay de lo que se hace en la tierra que tenga mayor favor cerca de aquel dios sumo que gobierna el mundo entero que las agrupaciones de hombres unidos por el vínculo del derecho, que son las llamadas ciudades. Los que ordenan y conservan éstas salieron de aquí y a este cielo vuelven.

En el intento de animar a los dirigentes romanos a salvar la República repite ideas similares en varias ocasiones.

> Pero tú Escipión, como tu abuelo aquí presente, cultiva la justicia y la piedad, la cual no solo es importante cuando se trata de parientes y allegados, sino importantísimo cuando se trata de la patria, tal es la senda que lleva al cielo y a esta reunión de aquellos que ya vivieron y, libres del cuerpo, habitan el lugar que ves, un resplandeciente espacio circular de intensísima blancura, al que vosotros designáis Vía Láctea, tal como aprendisteis de los griegos.[6]

Cicerón se basó para su Sueño en la fábula de Er, un soldado que vuelve de ultratumba y que cuenta sus experiencias, que cierra también la *República* de Platón. Platón y Cicerón valoran que los hombres se dediquen a las tareas públicas pero Cicerón, en esto, va un paso más allá que Platón, pues a las almas de los políticos justos, entre ellos: los dirigentes de las ciudades, magistrados, miembros de las asambleas legislativas, filántropos de la ciudad, les ofrece reunirse en un lugar de privilegio, la Vía Láctea.

La Vía Láctea: un camino de almas

Macrobio, un autor romano del que se poseen pocos datos, se estima que nació en el último cuarto del siglo IV d. C. ha pasado a la historia por una obra el *Comentario al sueño de Escipión de Cicerón.* En este ensayo Macrobio reproduce literalmente gran parte del texto de Cicerón al que va añadiendo sus observaciones. El texto de Cicerón estuvo perdido durante muchos siglos pero se conocía en Europa a través de comentarios siendo el más conocido el de Macrobio.

En esta obra, que los estudiosos han considerado neoplatónica, expone, además del sueño de Escipión, teorías sobre la mística de los números, sobre la música, la naturaleza del alma y la astronomía.

Como compilador que es transmite las opiniones que sobre la Vía Láctea tenían varios autores y dice que algunos creían que las almas viven en la esfera de las estrellas fijas en donde se sitúan los Campos Elíseos. Los autores antiguos dan diferentes localizaciones terrestres para estos campos de delicias que, en opinión de Cumont, se situaban principalmente en la Vía Láctea.

También nos comenta la creencia de que el camino para que las almas lleguen al Paraíso era la Vía Láctea. Textualmente dice:

La Vía Láctea abarca de tal modo el Zodiaco en ruta oblicua en los cielos que los intercepta en dos puntos Cáncer y Capricornio que dan su nombre a los dos trópicos. Los físicos llaman a estos dos puntos las puertas del sol porque en uno y en otro los puntos solsticiales limitan el curso de este astro que vuelve sobre sus pasos de la eclíptica y no los sobrepasa jamás. Por estas puertas se dice que las almas descienden del cielo a la Tierra y remontan de la Tierra al Cielo. Se denomina a una puerta de los hombres y, a otra, puerta de los dioses. Es precisamente Cáncer por la que penetran las almas que siguen en camino hacia la tierra, y es por Capricornio o puerta de los dioses, por la que remontan las almas al lugar que les es propio de la inmortalidad, y que las lleva a colocarse entre el número de dioses.

El centro de la Vía Láctea
Foto de Jesús Salas Parrilla realizada en La Almarcha (Cuenca) el 12-9-2015

Homero ha querido figurar esta idea en la transcripción del antro de Itaca. Es por ello que Pitágoras piensa que la Vía Láctea desciende hacia el imperio de Plutón porque las almas cayendo hacia allí, parecen destrozadas de una parte de sus celestes atributos. La leche, dice, es el primer alimento de los recién nacidos, pues es en esta zona láctea, donde las almas reciben la primera impulsión que las empuja hacia los cuerpos terrestres. También el Primer Africano dice al joven Escipión, hablando de las almas de los bienaventurados, mostrándole la Vía Láctea. Estas almas han partido de este lugar y es a este lugar donde vuelven. Así deben descender mientras se hallan en Cáncer, no tienen abandonada aún la vía de la leche y consecuentemente están aún en el mundo de los dioses. Pero cuando han descendido hasta Leo es cuando hacen su aprendizaje de su condición futura; aquí empieza el noviciado de su nuevo modo de existencia, en el que van a estar sujetos a la naturaleza humana.[7]

En época romana la creencia que se tenía sobre el universo era que la Tierra ocupaba el centro y que estaba inmóvil y que alrededor de ella giraban los siete cuerpos: Luna, Mercurio, Venus, Sol, Marte, Júpiter y Saturno, cada uno de ellos en su propia esfera. Por encima de ellos se situaba la esfera de las estrellas. El alma, al salir de la Vía Láctea y descender hacia la Tierra tiene que atravesar los círculos de los planetas. Esto es lo que creía Macrobio, que pensaba que, al atravesar cada uno de ellos, el alma se impregnaba de las características del planeta. En el camino de regreso desde la Tierra a los cielos tenía que atravesar en sentido inverso los siete círculos.

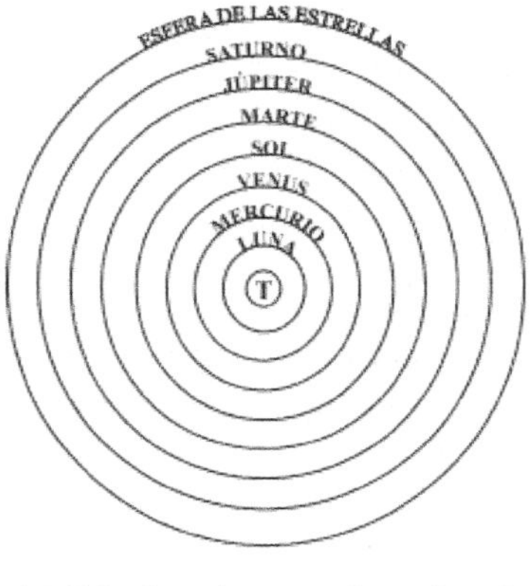

Modelo de universo en la antigüedad

La obra de Macrobio tuvo mucha difusión durante la Edad Media. La idea de la Vía Láctea como Camino de almas ha continuado a lo largo de los siglos. En varios pueblos de Inglaterra, así como en zonas de Finlandia y Lituania, se seguía creyendo en el siglo XIX en la Vía Láctea como un camino de almas[8].

Las intuiciones de Anaxágoras y Demócrito sobre la Vía Láctea

El siglo V a. C. en Grecia fue un periodo crucial para la historia del pensamiento occidental. En este siglo hubo pensadores que dieron explicaciones sobre la Vía Láctea diferentes al mito. Entre estos intelectuales estaba Anaxágoras y Demócrito de Abdera. Anaxágoras fue un filósofo presocrático que nació en la actual Turquía en torno al año 500 a. C. Se estableció en Atenas, ciudad en la que enseñó durante muchos años. Escribió varios libros perdidos, entre ellos *Sobre la naturaleza,* que fue un superventas en su tiempo.

Se conoce algo su pensamiento a través de algún fragmento de su obra conservado y de las opiniones de autores posteriores. El filósofo pensaba que todas las cosas estaban formadas por partículas elementales a las que llamaba semillas. Estas semillas se unían mediante agregación. En este mecanismo hacia intervenir al *nous,* un concepto central para él que venía a significar mente o inteligencia.

Descubrió la causa de los eclipses. Fue acusado de impiedad por opinar que el sol no era un dios sino una gigantesca piedra al rojo, de un tamaño mayor que el Peloponeso aunque menor que la tierra y que la luna era una tierra deshabitada que recibía y reflejaba la luz del sol[9]. Por sus ideas astronómicas o quizás por motivos políticos tuvo que abandonar Atenas.

Unos cuarenta años después de Anaxágoras nació Demócrito de Abdera, en torno al año 460 a. C. Viajó mucho por Egipto y Caldea, incluso hay quien opina que llegó a la India. Ha pasado a la historia por ser un defensor de la teoría del atomismo. Para muchos autores es "el padre de la ciencia". Según él, todos los fenómenos hay que explicarlos en términos de átomos infinitamente pequeños.

Tuvo una larga vida, en torno a noventa años e incluso más, según algunos autores. Ello le permitió escribir obras muy diversas que no han llegado hasta nosotros. Solamente han llegado algunos fragmentos; no obstante, conocemos su pensamiento sobre algunos temas a través de autores posteriores.

Demócrito sostuvo que la "Vía Láctea estaba formada por estrellas pequeñas contiguas por todos los lados y que propagan por doquier la luz que difunden aparentando un cuerpo único de luz incesante" según nos cuenta Macrobio. La hipótesis de Demócrito de Abdera de que la Vía Láctea estaba formada por estrellas no fue creída en su momento pero se fue transmitiendo durante siglos.

Por lo tanto, la vinculación de la Vía Láctea con un camino de estrellas puede remontarse muy atrás en el tiempo. Esta asociación en la mente de las personas se realizaría, al menos, mediante estas dos opciones:

a. Los que siguieran a los neopitagóricos, el razonamiento es muy sencillo: se ha visto en un apartado anterior que a un alma se le asociaba una estrella, por lo tanto, a un conjunto de almas se le asociaría un conjunto de estrellas.
b. Aquellos que creyeran, como Demócrito, que en la mancha blanquecina había estrellas. La Vía Láctea, que por su aspecto puede sugerir un camino, era por lo tanto, un camino de estrellas. Luego, en el inconsciente colectivo de los griegos, y quizás también de pueblos más antiguos, estaba la idea de que la Vía Láctea era un camino de estrellas.

Para hacerlo más gráfico se utiliza la forma de representar en matemáticas los conjuntos de objetos.

En el lenguaje de conjuntos que se emplea en matemáticas este conjunto de estrellas vinculado a las almas es un subconjunto de todas las estrellas del universo.

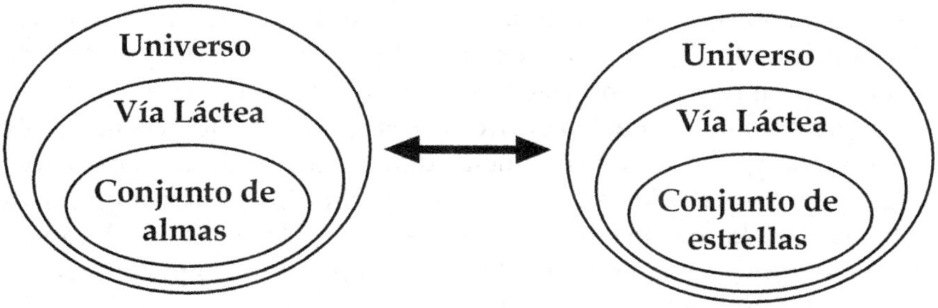

Aristóteles: el gran equivocado

Aristóteles (384-322 a. C.) expuso su pensamiento sobre los cielos en una obra conocida por su nombre latino *Da coelho.* El cosmos para él estaba dividido en dos regiones separadas: el mundo sublunar y el mundo supralunar. La primera región abarcaba la tierra y el aire hasta la luna y se componía de los cuatro elementos: agua, tierra, aire y fuego. Estos elementos se movían rectilíneamente: la tierra y el agua hacia el centro y el aire y el fuego hacía arriba.

Por encima de la luna los cuerpos se movían con movimientos circulares y eternos. Estos cuerpos celestes, estrellas y planetas, estaban formados de una materia totalmente distinta a la que existía en el mundo sublunar. Esta materia o quinto elemento, la quinta esencia, era el éter divino e incorruptible. El vacío no podía existir, el mundo era pleno.

Su opinión sobre la Vía Láctea se encuentra en una obra titulada *Meteorológicos.* Esta obra consta de cuatro libros de poca extensión en los que el autor trata de fenómenos muy diversos; algunos de los cuales no tienen que ver con lo que hoy entendemos estrictamente por meteorología.

El capítulo ocho del libro primero esta dedicado a la Vía Láctea[10]. Los dos apartados anteriores, el seis y el siete, están dedicados a los cometas. Y es que Aristóteles ofrece una explicación para la Vía Láctea que guarda relación con la que postula para los cometas. Comienza recordando las teorías que él conocía sobre la Vía Láctea, algunas de las cuales ya se han expuesto, para intentar rebatirlas con un argumento. Estas teorías eran tres:

- El mito de Faetonte al que ya se ha hecho referencia antes. Textualmente dice: "Algunos de los llamados pitagóricos dicen que es el camino de alguno de los astros caídos cuando la llamada aniquilación de Faetonte; otros dicen que, a veces, el sol se desplaza siguiendo ese círculo; como si, en definitiva, ese lugar hubiese sido abrasado o hubiese sufrido algún efecto semejante del paso de aquellos astros." Aristóteles opina que esta no puede ser la explicación porque si el paso del sol provoca la Vía Láctea el círculo del cielo conocido como el Zodiaco recorrido por el sol y los planetas debería tener también ese aspecto.
- Las hipótesis de Anaxágoras y Demócrito. Ellos opinaban que la Vía Láctea era la luz de ciertas estrellas, las cuales no se podían ver porque se interponía la tierra entre el sol, que estaba bajo la tierra, y ellas. Aristóteles lo rebate diciendo que al cambiar de sitio el sol debería cambiar también la Vía Láctea y que los cambios del sol no se corresponden con cambios en la mancha celeste.

Después de rebatir las creencias de otros, Aristóteles pasa a exponer su idea sobre la Vía Láctea que está relacionada con su pensamiento sobre los cometas, los astros con cabellera. En su opinión, los cometas eran fenómenos de combustión de exhalaciones aéreas en la región superior de la atmósfera, en el mundo sublunar.

Para la Vía Láctea da una explicación similar a la que ofrece de un cometa. Si un astro es capaz de provocar una combustión aérea y producir un cometa, una multitud de astros moviéndose puede inflamar y desintegrar el aire y generar la Vía Láctea. Tanto los cometas como la Vía Láctea pertenecían al mundo sublunar.

Para ser coherente añade que este fenómeno que se produce en la Vía Láctea no se produce en el círculo del Zodiaco diciendo que, en este círculo, lo mismo que en torno al sol y en torno a la luna, no se forma cabellera, pues se deshace esta configuración antes de que se produzca.

Teofrasto, discípulo de Aristóteles a quien éste designó como sucesor en el *Liceo*, dio una opinión diferente, ya que se limitó a decir que era la juntura mediante la cual la esfera celeste formada por dos hemisferios se ha acoplado.

Aristóteles tuvo muchos comentadores a lo largo de los siglos. Entre ellos, Alejandro de Afrodisia (siglo II-III d. C.) que ha pasado a la historia como el comentador griego más notable de Aristóteles. Su opinión sobre la Vía Láctea coincide con la de su maestro. Sin embargo, siglos después

Olimpiodoro el Joven (c.495-570 d.C.), filósofo neoplatónico y astrólogo, comentó también el texto de Aristóteles sobre la Vía Láctea opinando que no estaba de acuerdo porque si fuese así se debería ver de forma diferente en tiempos distintos en el mismo lugar. Al parecer su opinión se conoció en el mundo árabe.

Se puede observar que, a pesar de la autoridad que se le atribuía a Aristóteles, su creencia en la Vía Láctea como un fenómeno sublunar no fue hegemónica ni en su tiempo ni en siglos posteriores.

Los *Catasterismos* de Eratóstenes

Eratóstenes nació en torno al año 276 a. C. en Cirene. Tuvo una amplia formación en matemáticas, geografía, filosofía, poesía, etc. Fue amigo de Arquímedes y director de la Biblioteca de Alejandría hasta su muerte, en torno a ochenta años. Al parecer uno de sus sobrenombres era el *Beta*, haciendo alusión a que era el segundo mejor en todo. Ha pasado a la historia por su medición del radio de la tierra. Su obra poética es menos conocida. En su poema *Erigone* trata la leyenda de Icario, que fue muerto por unos pastores tras emborracharse. La perrita Mera avisó a su hija Erigone quien al encontrar el cuerpo de su padre se suicidó. Dionisos, el dios del vino, condenó a todas las vírgenes de Atenas a morir como Erigone. Icario, Erigone y su perrita Mera ascendieron al cielo.

Los *Catasterismos*, que se le han atribuido, es una obra breve que recopila cuarenta y cuatro mitos. Un *catasterismo* es una transformación en estrella de un ser divino, personaje heroico o mortal y, en ocasiones, algún objeto inanimado que a partir de ese momento pasa a formar parte del firmamento.

Algunos de los cuarenta y cuatro *catasterismos* que explica se refieren a: la Osa Mayor, la Osa Menor, el Dragón, Hércules, las constelaciones del Zodiaco, etc. Erastótenes convirtió la cabellera de su reina, Berenice II de Egipto, en una constelación. Los planetas y la Vía Láctea son los *catasterismos* cuarenta y tres y cuarenta y cuatro. Los cinco planetas los identifica con los cinco dioses. Sobre la Vía Láctea cuenta el mito de la leche derramada por la diosa Hera.

Ptolomeo: solamente lo que se ve

Claudio Ptolomeo nació en torno al año 100 d.C. Se cree que estuvo trabajando en la Biblioteca de Alejandría. Destacó como matemático, astrónomo, geógrafo y músico. Su gran obra de astronomía escrita en griego fue la *Syntaxis Mathemática*. Esta obra, desconocida prácticamente por los europeos de la Alta Edad Media, fue traducida al árabe y conocida, a partir de esa traducción como el *Almagesto.* La obra tiene trece capítulos. El octavo es un catalogo de estrellas. En ella nos dice:

> La Vía Láctea no es propiamente un círculo sino, más bien, una especie de cinturón del color de la leche en toda su extensión; es más, este cinturón no es ni uniforme ni regular; sino que varía en anchura, color, densidad y situación; además, en una sección está bifurcado. Todo esto se manifiesta a simple vista.[11]

A continuación señala las constelaciones por las que discurre en la octava esfera.

Ptolomeo, como científico que pretendía ser, ofrece una descripción de la Vía sin adornarla de ningún mito ni explicación que no pueda probar. Solamente expresa lo que ve. Empleando un símil, Ptolomeo se refiere aquí a la Vía como un cinturón. Un cinturón es algo que sujeta. En este sentido, se recuerda que los bosquimanos del desierto de Kalahari, en Botsuana, pensaban que la Vía Láctea era una especie de cinturón que sujetaba el cielo por la noche para impedir que sus trozos cayeran a la tierra. Estos bosquimanos daban una utilidad a la Vía Láctea[12].

La Vía Láctea en el Imperio Romano

En el mundo griego se habían sucedido, como se ha visto anteriormente, cuatro hipótesis sobre el Círculo Lácteo:

- Las hipótesis mitológicas.
- Las creencias platónicas que identificaban las almas con las estrellas.
- Las ideas de algunos astrónomos como Anaxágoras y Demócrito que lo identificaban, como es en realidad, con un conjunto de estrellas.
- La concepción aristotélica que situaba el Círculo Lácteo en el mundo sublunar y lo explicaba como un conjunto de cometas.

Los romanos conocieron las diversas opiniones sobre Vía Láctea, como ellos llamaron a la Galaxia, y sucesivas generaciones de escritores las difundieron por Occidente. Entre ellos se van a destacar a Higino y Ovidio. La opinión de Cicerón y Macrobio ya se han comentado.

El hispanorromano más antiguo del que nos ha llegado un texto sobre astronomía es Cayo Julio Higinio. Nació en torno al año 64 a. C. No se conocen datos de su nacimiento lo que hace sospechar que tuvo un origen humilde.

Su talento le llevó a ser liberto de Augusto y a ocuparse de la Biblioteca Palatina. Parece ser que escribió varías obras, entre ellas una de astronomía que constaba de cuatro partes:

1. Sobre los antiguos cosmógrafos.
2. Sobre famosos *catasterismos*.
3. La distribución de estrellas en el firmamento.
4. En esta parte se retoma el tema de astronomía del libro primero.

Su obra se basaba en otras griegas anteriores. En concreto, dos fueron sus fuentes: *Los Fenómenos* de Arato, un autor griego que nació en torno al año 310 a. C. y *Los Catasterismos* de Eratóstenes[13].

Higino da en su obra una versión del mito de la Vía Láctea como la leche derramada por Hera. Esta versión describe a Hércules como un tragón ya que nos dice: "Hércules tenía una gran avidez por la comida y tomó una gran cantidad de leche. Al no poder mantenerla en la boca, la derramó. El circulo apareció cuando la derramó"[14].

Otro escritor romano que se ocupó de los mitos griegos fue Ovidio (43 a. C. - 17 d. C). Su obra *Metamórfosis* ha ejercido una gran influencia en la cultura occidental. Esta obra consta de quince libros en los que explica, a través de mitos, desde el origen del mundo hasta la deificación de Julio César.

En el comienzo del libro II narra el mito de Faetón con muchos más detalles descriptivos de los que se han expuesto anteriormente[15]. El último libro de la *Metamórfosis* acaba con la deificación de Julio César. Este César permitió que en el año 44 a. C. se erigiese una estatua con su nombre y la siguiente frase latina: *Deo Invicto* (Dios invicto). Se suponía que, a su muerte, su alma iba por la Vía Láctea, a un lugar del cielo, elegido únicamente para hombres de su grandeza. La religión oficial del Imperio incluía el culto a Julio César y otros gobernantes, hasta casi la época de Constantino, que se convirtió al catolicismo.

Los romanos transmitieron los mitos griegos y las concepciones del ascesis del alma a los cielos y su conversión en estrella pero no se interesaron por la astronomía de Ptolomeo que era demasiado teórica.

La Vía Láctea en las *Etimologías* de San Isidoro

Las *Etimologías* de san Isidoro de Sevilla es la gran enciclopedia de la Alta Edad Media. Consta de veinte libros. Los tres primeros están dedicados a las disciplinas contenidas en el *Trivium* y en el *Quadrivium*. El libro I estaba dedicado a la Gramática, el II a la Retórica y a la Dialéctica y el III a las Matemáticas. Este libro III consta de setenta capítulos, aunque en alguna versión, hay setenta y uno. De los setenta capítulos, nueve están dedicados a la Aritmética, cuatro a la Geometría, nueve a la Música y el resto a la Astronomía.

Por el número de capítulos dedicados a la Astronomía, se podría pensar que era la parte de las matemáticas que más le interesaba. Pero en la astronomía isidoriana, no hay ningún tipo de razonamiento filosófico ni científico ni ninguna alusión a los cálculos matemáticos que realizó Ptolomeo, aunque es el único nombre que cita.

Hay que aclarar que algunos capítulos se reducen a una sola frase. Por ejemplo, el capítulo treinta y nueve dedicado a las puertas del cielo, dice simplemente: "Dos son las puertas del cielo, el oriente y el ocaso; por una puerta aparece el sol, por la otra se oculta"[16].

Al leer la frase anterior se observa que habla de las Puertas del cielo pero no hace ninguna referencia a que por ellas pasen las almas, como se veía en el texto de Macrobio.

El capítulo dedicado a la magnitud del sol dice:

La magnitud del sol supera con mucho la de la tierra. De ahí que en el momento mismo de su orto aparezca al mismo tiempo en el oriente que en el occidente. A nosotros nos da la impresión de medir apenas un codo; conviene por ello que tengamos en cuenta cuán enorme es la distancia que separa el sol de la tierra, pues es la lejanía la que nos lo hace ver tan pequeño[17].

A la Vía Láctea específicamente está dedicado el capítulo LXVI. Se titula *El círculo blanco* y dice: "El círculo lácteo es un camino que se observa en la esfera, y recibe su nombre de la blancura pues es blanco. Hay quienes dicen que es el camino por el que el sol desarrolla su marcha circular y que, al pasar por él, recibe su luminosidad para brillar"[18].

San Isidoro de Sevilla
Biblioteca Nacional. Madrid
Foto de Jesús Salas Parrilla

Se puede observar que San Isidoro se refiere a la Vía Láctea como camino, haciéndose eco de la tradición existente en el mundo romano. No hace ninguna alusión a los mitos griegos sobre la creación de la Vía atribuyendo su nombre al aspecto de su color. Sin embargo, al leer con atención la frase "Hay quienes dicen que es el camino por el que el sol desarrolla su marcha circular", quizás recordemos el mito de Faetón conduciendo el carro del sol. Aunque Isidoro está muy lejos ya de los mitos.

Capítulo 2

Conociendo más la Vía Láctea

La Vía Láctea en el mundo árabe

En los siglos VIII y IX los califas invitaron a su corte a intelectuales griegos, persas, hindúes, judíos y sirios, para traducir las grandes obras de sus culturas al árabe. Por lo tanto, las opiniones sobre la Vía Láctea en el mundo griego, entre ellas las de Aristóteles y Ptolomeo, fueron conocidas en la civilización árabe.

Las traducciones árabes, en ocasiones, no eran fieles al texto original; un ejemplo de ello es el tema de la Vía Láctea en *Meteorológicos* de Aristóteles. El traductor mezcló la opinión aristotélica con la de otro autor que daba una versión del fenómeno desde la óptica. En su opinión, la Vía Láctea era un fenómeno óptico de reflexión de la luz de las estrellas (a su vez producida por el sol) por la exhalación inflamada sublunar.

La astronomía de Ptolomeo fue muy valorada por los árabes, precisamente a ellos se le debe el nombre de *Almagesto* (El más grande), con el que posteriormente fue conocida esta obra en Occidente. Los astrónomos árabes no crearon ninguna teoría nueva sobre el universo pues aceptaron la de Ptolomeo. Uno de los más relevantes fue el persa Al Sufi (903-986) que escribió *El libro de las estrellas fijas,* basándose en el catálogo de estrellas de Ptolomeo ampliándolo con muchos comentarios sobre los nombres de las estrellas y de las constelaciones. Otra de sus aportaciones fue citar por primera vez la galaxia de Andrómeda.

Sobre la Vía Láctea los intelectuales que escribieron en árabe tuvieron distintas opiniones. Se recogen cuatro de ellas: la del persa Al Biruni y las de los andalusíes Avempace y Averroes, y la del también persa Nasir al Din al Tusi.

Al-Biruni (973-1048), uno de los más destacados intelectuales persas que escribió más de cien obras sobre temas muy diversos, opinaba que estaba formada por una colección sin número de fragmentos cuya naturaleza era similar a las nubes de estrellas. Estos fragmentos forman aproximadamente un gran círculo, el cual pasa entre las constelaciones de Los Gemelos (Gemini) y Sagitario. Las nubes de estrellas están más densamente reunidas en algunas zonas que en otras. La banda, algunas veces es ancha y otras delgada, y ocasionalmente, se rompe en tres o cuatro ramificaciones.

Avempace nació en Zaragoza en la corte de los Banu Hud en torno al año 1080. El elevado nivel intelectual que reinaba en Zaragoza en ese momento le permitió adquirir una amplia formación en medicina, filosofía, música, poesía, matemáticas y astronomía. Se cuenta como anécdota que, cuando murió un amigo suyo y estaban velando el cadáver, invocó a la luna con unos versos pidiéndole que se ocultara. La luna se ocultó y todo el mundo quedó asombrado de su poder. Lo que sucedía era que Avempace sabía que iba a producirse un eclipse de luna aquella noche.

Conocía la obra aristotélica y realizó muchos comentarios a la misma, aunque su comentario a *Meteorológicos* no ha sido estudiado en profundidad hasta finales del siglo XX por P. Lettink. En su opinión, la Vía Láctea es el resultado de la luz proyectada por muchas estrellas que están muy cercanas entre sí, considerándola un fenómeno del mundo supralunar, a diferencia de lo que opinaba Aristóteles para el cual era un fenómeno sublunar. No obstante, la autoridad de Aristóteles era tal que Avempace optó posteriormente por considerar a la Vía Láctea un fenómeno supralunar y sublunar para no contradecirle.

Averroes nació en el año 1126 en Córdoba en el seno de una familia dedicada al estudio del Derecho. Él, siguiendo la tradición familiar, realizó este tipo de estudios pero se interesó más por la medicina, las matemáticas y sobre todo por la filosofía; fue un gran admirador de Aristóteles.

En la didáctica árabe se realizaban tres tipos de comentarios sobre los textos de autores importantes. Los pequeños comentarios o resúmenes dedicados a aquellos que se iniciaban en un tema; los comentarios medios, en los cuales apoyándose en el texto expresaban su propio pensamiento introduciendo explicaciones; los grandes comentarios en el que se presentaba el texto completo, que además era explicado, criticado y comparado con el de otros autores.

Averroes realizó los tres tipos de comentario a los *Meteorológicos* de Aristóteles. En su Comentario menor incluye la concepción de la Vía Láctea que había realizado Avempace. En el Comentario Medio propone objeciones a la teoría de la Vía como aire inflamado ya que si fuese así debería cambiar con las estaciones y variar de unos años a otros según la atmósfera, pero esto no ocurre. Nos dice que él ha observado la constelación del Águila en el extremo de la Vía desde Córdoba y desde Marruecos sin encontrar diferencias. Por otra parte, si fuese aire, dada la extensión de la Vía, llegaría un momento que tanto aire se corrompería en fuego y ello tendría un efecto sobre la tierra, provocando un aumento de temperatura.

Averroes tampoco se atreve a oponerse a Aristóteles y, en su Comentario Mayor, hace una síntesis explicando que la luz de las muchas y pequeñas estrellas de esa región (luz que proviene del sol que era lo que se creía entonces, que el sol era el único que iluminaba) se mezcla con el aire inflamado y el resultado de esa mezcla es la Vía Láctea[1]. Los comentarios de Averroes influyeron en algunos intelectuales europeos del siglo XIII, entre ellos San Alberto Magno.

Estatua de Averroes en Córdoba
Foto: Jesús Salas Parrilla

Por último, citaremos la opinión del que quizás fuese el mejor astrónomo del mundo árabe en la Edad Media, el persa Nasir al Din al Tusi (1201-1270). Al igual que todos los intelectuales de su tiempo cultivó la filosofía, las matemáticas, la medicina y la astronomía. Se considera que las tablas que elaboró de movimientos de los planetas, diferentes teóricamente y más precisas que las de Ptolomeo, ayudaron a Copérnico a establecer su modelo. Para realizar sus observaciones le construyeron un observatorio astronómico en Maraga, una ciudad al norte de Irán, en el que perfeccionó algunos instrumentos de observación. Juan Vernet aventuró la hipótesis de la existencia de contactos entre los astrónomos de la corte de Alfonso X el Sabio y los de Maraga, pero no hay prueba de ello.

Su comentario sobre la Vía Láctea, según dice su estudioso J. Rageg, publicado en una de sus obras *Al Tadhkira*, una memoria astronómica, fue que estaba formada por numerosísimas estrellas muy pequeñas, concentradas y poco luminosas. Luego, se puede observar que anteriormente a Galileo fueron varios los astrónomos que se decidieron por la composición estelar de la Galaxia.

La Vía Láctea en la Baja Edad Media europea

Las creencias sobre la Vía Láctea en el mundo griego se fueron conociendo en las universidades europeas a través de las traducciones latinas de las obras de los distintos autores y sus comentaristas. Las primeras traducciones cosmológicas se realizaron en torno a 1150. Un siglo después se había traducido la casi totalidad del corpus cosmológico griego. Los intelectuales europeos se apasionaron leyendo de nuevo los mitos griegos, y las opiniones de Platón y Aristóteles sobre la Vía Láctea. Un comentador de Aristóteles fue San Alberto Magno y un neoplatónico notable Marsilio Finicio.

San Alberto Magno nació en la región de Baviera, no se conoce con exactitud la fecha, siendo el 15 de noviembre de 1280, la fecha de su fallecimiento. En las facultades de Ciencias en España el día 15 de noviembre era festivo porque San Alberto es el patrón de los científicos. Sus escritos, reunidos en veintiún volúmenes, abarcaban numerosas ramas del saber: teología, filosofía, lógica, gramática, retórica, música, zoología, fisiología, mineralogía, alquimia (descubrió el arsénico), astronomía, etc. Estudió la obra de Aristóteles, de Avicena y Averroes. Se enfrentó a la Iglesia para introducir el pensamiento de Aristóteles en las universidades y para defender a su discípulo Tomás de Aquino, seguidor también de Aristóteles.

Sello dedicado a San Alberto Magno

San Alberto también dejo escrita su opinión sobre la Vía Láctea:

La galaxia no es otra cosa sino muchas estrellas pequeñas, casi contiguas en aquel lugar del orbe estelar, en las cuales se difunde el color del sol y por eso se ve el circulo blanquecino... Su causa eficiente es en parte, las muchas estrellas pequeñas que están en ese lugar del orbe y tienen insertas algunas estrellas grandes diferenciadas, esas estrellas difunden su luz en esa parte del orbe. La otra parte de la causa eficiente es el rayo de sol que incide sobre esas estrellas casi contiguas. Pero la causa material, que es como el substrato, es aquella parte del orbe que es más densa que la parte restante del orbe, y por eso retiene y representa la luz del sol y de las estrellas[2].

En este comentario se ve que, a pesar del respeto que le tenía a Aristóteles en todos los campos del saber, en el tema de la Vía Láctea no está de acuerdo con él porque no hace intervenir para nada la región del fuego o del aire superior y sitúa a la Vía Láctea en la octava esfera, la esfera de las estrellas.

Marsilio Finicio (1433-1499) fue un neoplatónico del siglo XV que fundó, junto con Cosme de Medicis, la academia platónica florentina. En su comentario al *Banquete* de Platón vuelve a decirnos que: "Las almas descendiendo a los cuerpos desde la Vía Láctea, y pasando por Cáncer, son envueltas en un cuerpo celeste y lúcido, y revestidas por éste, son encerradas en los cuerpos celestes"[3]. Luego, la concepción pitagórico-platónica de la relación de las almas con la Vía Láctea se transmitió a la Baja Edad Media a través de autores como Macrobio que fueron leídos por los neoplatónicos medievales.

Como resumen, se puede afirmar que, a pesar de la influencia que Aristóteles tuvo en su época y en la Europa medieval, muchos autores cuestionaron su creencia sobre la Vía Láctea y apostaron por la concepción estelar de la galaxia. En el siglo XVI esta concepción triunfó definitivamente. Uno de los que contribuyeron a ello fue Gerolamo Cardano (1501-1576). Este autor es conocido en la actualidad sobre todo por dos obras, una de álgebra, *Ars Magna,* y otra de probabilidad, *Liber de Ludo alae.* Su contribución a esos dos campos matemáticos, que hoy son tan demandados, le ha colocado entre los grandes de esta disciplina; escribió también obras sobre medicina, filosofía, enciclopedias y su propia biografía.

La opinión de Cardano sobre la Vía Láctea se encuentra en su obra *De subtiliate,* publicada en 1550 en Nuremberg y en 1554 en Basilea. Él creía que la Vía Láctea tiene que estar necesariamente en la esfera de las estrellas fijas ya que la inmutabilidad que presenta hace imposible que esté en el mundo sublunar; la galaxia estaba formada por estrellas pero estas estrellas no estaban iluminadas por el sol.

Cardano fue acusado de herejía en 1570 por varios escritos y por haber realizado el horóscopo de Jesús; tras varios meses en prisión quedó en libertad después de abjurar.

La revolución de Copérnico y Bruno

Nicolás Copérnico (1473-1543) ha pasado a la historia por la publicación casi póstuma de una sola obra *De revolutionibus orbium coelistium (Sobre las revoluciones de las órbitas celestes)* en el año 1543, poco tiempo antes de su muerte. A esta obra le había dedicado más de veinticinco años de vida, después de adquirir una amplia formación en matemáticas y astronomía. También era especialista en leyes, derecho canónico y teología. Durante su vida desempeñó cargos muy diferentes; fue médico, clérigo y político.

Copérnico comenzó a cultivar la astronomía como un pasatiempo. Con un instrumento óptico fabricado por él mismo observaba el cielo nocturno metódicamente. Se dio cuenta de que la luminosidad de Marte variaba mucho a lo largo de su ciclo. Esta variación no podía explicarse de acuerdo con el modelo en el cual Marte, al igual que el resto de los planetas, giraba en una órbita circular en torno a la tierra que permanecía inmóvil. Ptolomeo ya se había dado cuenta de las diferencias de luminosidad pero las había explicado ayudándose de los epiciclos. Marte giraba en pequeñas circunferencias, los epiciclos, cuyo centro se apoyaba en una circunferencia mayor, el deferente. Esa explicación había sido ya cuestionada a lo largo de la Edad Media por varios astrónomos.

Monumento a Copérnico en Varsovia

Copérnico, tras revisar todos los tratados de astronomía antiguos que pudo localizar y tras numerosas observaciones, adoptó el modelo de Aristarco de Samos, que propugnaba que la tierra era la que giraba en una órbita circular en torno al sol que permanecía inmóvil. Escribió esta hipótesis heliocéntrica, entre 1506 y 1510, en un manuscrito titulado *Conmentariolus,* que circuló entre unos pocos conocidos. Posteriormente fue realizando los cálculos matemáticos para predecir el movimiento de todos los planetas de acuerdo a su nuevo modelo. Este rehacer los cálculos fue un trabajo inmenso.

Su gran obra, *De revolutionibus,* consta de un prefacio y seis libros. En el prefacio, no escrito por él sino por Osiander, se exponía que el interés del modelo copernicano era explicar, de una forma más sencilla que la de Ptolomeo, los movimientos de los planetas, sin defender la realidad del modelo. Osiander intentó de esta forma que la Iglesia no prohibiese el libro por considerarlo contrario a la Biblia al desplazar a la tierra del centro del Universo.

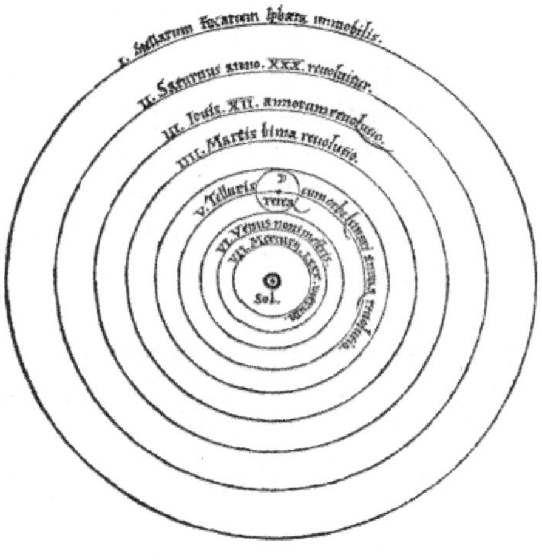

El Universo según Copérnico

La Iglesia no se opuso a que se empleasen esos cálculos, por ejemplo, en la reforma del calendario que se llevó a cabo en 1582 bajo el papa Gregorio XIII. Cristopher Clavius, uno de los artífices del calendario, valoraba muchos aspectos de la obra copernicana, pero no admitía la hipótesis heliocéntrica. Otra cuestión era admitir que los cálculos servían porque el modelo base era también real, que era lo que verdaderamente pensaba Copérnico.

Los primeros defensores de la realidad del modelo de Copérnico, los ingleses Digges y Gilbert y el italiano Giordano Bruno, no fueron matemáticos y probablemente no pudiesen entender las tablas existentes en su obra, pero apostaron por la veracidad física de su idea.

Giordano Bruno (1546-1600) tuvo una amplia formación; se interesó por la filosofía, la teología en la que se doctoró, la astrología, la magia, la alquimia y la cosmología. Ello le permitió escribir sobre numerosos temas. Sus creencias sobre el cosmos están en dos de sus obras, *La cena de las cenizas* y *Del universo infinito y sus mundos,* escritas en forma de dialogo.

En su cosmología fue mucho más allá que Copérnico. Una sola frase nos puede dar una cierta idea: "Hay entonces innumerables soles y un número infinito de tierras giran alrededor de dichos soles..."[4]. Él pensaba que la tierra y los planetas giraban alrededor del sol pero creía que ni el sol ni la tierra estaban en el centro del universo. No había centro del universo sino solamente una infinidad de centros locales. En su obra pone de manifiesto:

- La necesidad de renovar la física de Aristóteles, hegemónica hasta entonces, que no es ya compatible con el sistema heliocéntrico.
- La no necesidad de suponer la existencia de la esfera de las estrellas fijas. Copérnico en su obra seguía admitiendo la existencia de esta

esfera, lo que implicaba que todas las estrellas estaban a la misma distancia de la tierra. Bruno, al negar la existencia de esta esfera, admite la dispersión de las estrellas. Esto es importante porque implica suponer que no todas están a la misma distancia de la tierra.
- La infinitud del universo. El universo de Aristóteles era finito y el de Copérnico también. Giordano Bruno da un paso de gigante al postular un universo infinito.

Los historiadores afirman que sus conclusiones no eran científicas en el sentido de que no eran producto de la observación telescópica ni de unas nuevas matemáticas del cosmos. Pero lo cierto es que muchas de sus intuiciones han resultado posteriormente ciertas.

El modelo copernicano iba calando y la Iglesia se iba posicionando radicalmente en contra por considerar que en la Biblia el sol se movía y la tierra era la que estaba inmóvil. El 17 de febrero de 1600 Giordano Bruno fue quemado en la hoguera por la Inquisición Católica. La causa más importante fue, no su pensamiento sobre el cosmos, sino determinados planteamientos considerados heréticos por la Iglesia, entre ellos, sus opiniones sobre la no divinidad de Cristo.

Copérnico, Bruno y los números primos

La historia de la astronomía muestra la soledad que tuvieron que afrontar algunos de los hombres que han ayudado a comprender mejor el universo. Entre ellos ocupan un lugar destacado Nicolás Copérnico y Giordano Bruno. Copérnico nació el 19 de febrero de 1473. El 19 es un número primo. A lo largo de los siglos los números han sido objeto, no solamente de investigación matemática, sino también de investigación filosófica. En la escuela pitagórica los números y las figuras geométricas eran el principio de todo.

El estudio de los números primos ha fascinado a los matemáticos desde la época griega. Aunque es posible que civilizaciones anteriores conociesen los números primos y algunas de sus propiedades, el primer texto escrito conservado en el que se exponen estos números y sus propiedades son *Los elementos* de Euclides. Esta obra, que consta de trece tomos, debió ser una recopilación de textos anteriores. Los tomos VII-IX están dedicados a la aritmética teórica griega. En el libro VIII se demuestra que la sucesión de números primos es infinita.

Una cuestión importante en el estudio de estos números es su distribución y la diferencia que existe entre ellos. Dos números primos pueden estar separados por millones de números o bien por uno solo (el 5 y el 7 separados por el 6) que, es lo más juntos que pueden estar, si exceptuamos el caso de los números 2 y 3, que son primos y van seguidos. Por definición, dos números son primos gemelos si son primos y entre ellos existe un solo número par. Entre los cien primeros números naturales se encuentran los siguientes pares de números primos gemelos: (3,5) (11,13) (17,19) (29,31) (41,43) (59,61) y (71,73).

Giordano Bruno
Escultura de Ettori Ferrari
Campo de Fiori. Roma

Según se va avanzando en la serie de números naturales, comienza a ser más difícil encontrar números primos gemelos pero por métodos computacionales se ha llegado a encontrar números muy grandes que lo son. Existe una conjetura, que todavía no ha llegado a demostrarse, que dice que existen infinitos pares de números primos gemelos.

La soledad de los números primos es el título de una novela escrita por el físico italiano Paolo Giordano que obtuvo un gran reconocimiento de crítica y público. Esta novela, que no tiene nada que ver con la astronomía ni con las matemáticas, narra la historia de dos seres solitarios, un chico y una chica, marcados por traumas desde la infancia. Ellos en la novela, al igual que los números primos gemelos, están siempre próximos pero nunca llegan a encontrarse del todo.

El título de la novela me llevó a la siguiente reflexión: Copérnico nació el 19 de febrero de 1473, el 17 y el 19 son números primos gemelos. ¿El día 17 es importante en la vida de algún astrónomo relativamente cercano a él, que al igual que él se sintiese solo? ¡Sorpresa! En las líneas anteriores hemos visto que Giordano Bruno fue quemado en la hoguera el 17 de febrero de 1600. Esta curiosidad ¿puede tener algún significado que todavía no hayamos sido capaces de descifrar? Posiblemente no, pero nos quedan todavía muchas cosas que descubrir en el universo, la vida de los hombres, los números y las estrellas.

El *Sidereus Nuncius* de Galileo

En marzo de 1610 Galileo Galilei publicó un pequeño tratado, escrito en latín, titulado *Sidereus Nuncius*; es el primer tratado científico basado en observaciones astronómicas realizadas con un telescopio. En la portada del tratado ya se citan los descubrimientos que Galileo había realizado con el anteojo y que en el texto describe con más detalle. Estos son, en la enumeración que Galileo hace, tras describir las características del anteojo por él construido:

- La constatación de que la faz de la luna no es lisa y uniforme sino, por el contrario, es desigual, escabrosa y llena de cavidades y prominencias, al igual que la faz de la tierra.
- La inclusión de estrellas vistas por primera vez. Galileo, para mostrarnos lo que ha visto, dibuja la constelación de las Pléyades estableciendo diferencias entre la representación de las estrellas que se ven a simple vista, que son seis, y las que él ve con el anteojo, que son más de treinta.
- La naturaleza de la Galaxia y las nebulosas. Galileo afirma que la Vía Láctea y las nebulosas descritas por Ptolomeo en el *Almagesto* son, en realidad, estrellas. Textualmente:

"... Lo que en tercer lugar observamos fue la materia y naturaleza del propio círculo lácteo, que nos fue permitido escrutar con nuestras facultades merced al catalejo, de modo que todas las discusiones que a lo largo de los siglos torturaron a los filósofos, fueron resueltas con la certidumbre de nuestros ojos, viéndonos también liberados de la palabrería. En efecto, la Galaxia no es otra cosa que un montón de innumerables estrellas esparcidas en grupos" [5].

Esta cita textual corresponde a la edición castellana del *Siderius Nuncius* publicada por el Museo de Ciencia y Tecnología. La traducción del texto latino realizada por Carlos Solís Santos, aunque tiene el mismo significado no es idéntica.

Se puede observar que Galileo emplea para la Vía Láctea el término Círculo lácteo que era utilizado en la antigüedad. Erastótenes y San Isidoro también lo emplearon.

- Además nos dice que las formaciones llamada por los astrónomos nebulosas, son cúmulos de estrellas, al igual que la Galaxia, admirablemente esparcidas. Acompaña el texto con los dibujos de las nebulosas de Orión y el Pesebre.

- "Los planetas mediceos" que son los que posteriormente Kepler llamó satélites de Júpiter. Cuando se publicó el *Siderius Nuncius,* Galileo era profesor de matemáticas en Padua pero deseaba obtener el favor de Cósimo II de Medici y por ello bautizó como mediceos los cuerpos descubiertos. Posteriormente estos satélites recibieron los nombres: Io, Europa, Calixto y Ganímedes.

Otros descubrimientos de Galileo fueron las manchas solares y las fases del planeta Venus. En una carta escrita a Clavius el 30 de diciembre de 1610, le dibuja las fases de Venus al mismo tiempo que le comunica que está seguro de que este planeta, como el resto de los planetas, va en torno del sol, afirmando su creencia en el modelo copernicano. Kepler le había pedido a Galileo que defendiese este modelo años atrás pero, es a partir de este momento, cuando Galileo se decide a hacerlo. Sin embargo, nunca se pronunció sobre la finitud o infinitud del universo aunque fue consciente de la gran distancia a la que se encontraban las estrellas comparada con la distancia de los planetas.

La producción bibliográfica de Galileo fue extensa, de ella hemos destacado el *Siderius Nuncius* por su comentario sobre la Vía Láctea pero su obra más conocida es *Dialogo sobre los dos grandes sistemas del mundo ptolomeico y copernicano*, publicada en 1632. En este libro expone su concepción del universo oponiéndose a Aristóteles y Ptolomeo y dando la razón a Copérnico. Según sus observaciones los planetas y la tierra giran alrededor del sol con un movimiento circular y uniforme. En este punto Galileo estaba equivocado, al igual que se equivocó en la cuarta parte o jornada de su *Dialogo* al argumentar que el movimiento de la tierra era la causa de que se produzcan las mareas. Este error no ensombrece la extraordinaria aportación de Galileo a la historia de la ciencia.

Los planetas mediceos
Fotografía de Jesús Salas Parrilla
Canon SX50 (100 aumentos)

Galileo no consiguió la cruz de Santiago

Al relacionar en este libro la Vía Láctea con la peregrinación jacobea se quiere explicitar un tema poco conocido en la muy estudiada vida de Galileo: las relaciones de Galileo con España. Estas relaciones se podrían enfocar desde dos puntos de vista: los estudiosos españoles que influyeron en Galileo y las relaciones de Galileo con la Corona española.

El dominico Domingo de Soto (Segovia 1494 - Salamanca 1560) fue un precursor de Galileo en los estudios que éste realizó sobre el movimiento de la caída de los cuerpos con su teoría del movimiento uniformemente diforme. Un estudio en profundidad de este tema se encuentra en el artículo "Domingo de Soto precursor de la ciencia moderna" escrito por J. Pérez y J. Sols[6].

En el tema de las relaciones de Galileo con España hay que tener en cuenta que, a comienzos del siglo XVII, España era todavía una gran potencia y Galileo recurrió al gobierno para vender telescopios. En 1609 ofreció al Consejo de Guerra de Felipe III cien telescopios para la navegación a cambio de una Cruz de Santiago y una renta de cuatrocientos escudos anuales. La oferta no fue aceptada porque se consideró que eran demasiado caros.

Galileo también quiso resolver uno de los problemas geográficos más importantes de la época que afectaba a la navegación: la determinación de la longitud geográfica de un barco en alta mar. Los reyes españoles ofrecían una gran recompensa por ayudar a esclarecer esta cuestión. En 1612 Galileo ofreció al Consejo de Guerra español un proyecto que no desveló; para presentarlo tenía que acudir a Madrid y someterlo a una comisión de expertos pero Galileo no vino a Madrid a desvelarlo. Cuatro veces más intentó resolver este problema, en 1616, 1620, 1623 y 1632. Esta última dio alguna indicación de su método pero no pudo exponerlo ante los expertos españoles por su enfermedad y el juicio al que fue sometido poco después en 1933.

Galileo volvió a intentar la venta de telescopios a España en 1616 pero la contestación fue que ya se podían fabricar en Castilla instrumentos similares; por lo tanto, no pudo conseguir ser caballero de la Orden de Santiago[7].

La aspiración de Galileo por pertenecer a la Orden de Santiago era comprensible; en el siglo XVII los nobles deseaban ser miembros de esta institución. Los requisitos que se pedían eran muy exigentes: era necesario acreditar ascendencia nobiliaria, no ser judío ni converso y no realizar trabajos manuales por dinero. Uno de los casos que ha pasado a la historia por la polémica que originó su entrada en la Orden fue el de Diego Velázquez. En 1658 fue propuesto para entrar, lo que deseaba fervientemente, pero fue rechazado por considerar que no tenía los suficientes méritos. El rey Felipe IV se interesó por el tema y con la ayuda del Papa consiguió que finalmente se la diesen en 1659. En su cuadro de *Las Meninas* vemos que en el autorretrato del pintor, éste aparece con la cruz de Santiago. Como *las Meninas* parece que se terminó en el año 1656 no se sabe si fue el propio autor el que retocó el cuadro para poner la cruz o fue otra persona la que lo realizó, lo que para el pintor sería una gran ilusión.

Cruz de Santiago

La revolución científica del siglo XVII

Durante el siglo XVII varios genios nos ayudaron a comprender mejor el universo. Entre ellos: Galileo (1564 - 1642), Kepler (1571 - 1630) y Newton (1643 - 1727). A partir de este siglo la astronomía abandonó las almas a favor de las fuerzas para explicar el movimiento celeste. Se dio un paso de gigante a favor de la observación y la creación de las matemáticas de la naturaleza.

Kepler dedicó su vida a defender el modelo copernicano. Él, al igual que Copérnico, estaba influido por el platonismo; escribió once obras, se comentarán cuatro de ellas. La primera en 1596 fue *Mysterium Cosmographium (El secreto del universo)*. En ella se plantea que el modelo del cosmos debe ser acorde con Platón. ¿Por qué son seis los planetas? se pregunta. El seis es un número perfecto, ¿sería ello una explicación? Pero Kepler va más lejos. Si los planetas son seis, entre ellos hay cinco huecos y crea la hipótesis de los sólidos platónicos, esferas dentro de poliedros y poliedros dentro de esferas.

Para ver si los datos se ajustan a la hipótesis revisa todas las medidas de Copérnico. Toma una decisión importante. Copérnico había medido las distancias máximas y mínimas de los planetas al sol utilizando un punto geométrico de referencia, un sol medio. Kepler, apoyándose en las magníficas observaciones de Tycho Brahe, lo hace con respecto a un sol más verdadero. Pero además se plantea una novedad para la época que definitivamente coloca al sol en un trono. Las preguntas que se hace son: "¿por qué no suponer que el sol es un motor universal?". "¿Será el sol la causa del movimiento de los planetas?"

La creencia mantenida desde el mundo griego era que los planetas se movían porque tenían motores, tenían alma. Con el término "alma" se pretendía justificar el principio de actividad. Los animales tenían alma vegetativa, las personas alma racional, los planetas alma motriz. Kepler invierte el sentido de los motores que hacen moverse a los planetas. Se pensaba que iban desde la periferia al centro. El sitúa el motor en el centro del universo, en el sol.

En 1604 Kepler observó una estrella en la Vía Láctea, la llamada posteriormente estrella de Kepler, que es una supernova y escribió una descripción muy detallada de ella en una obra.

En 1609 publica *Astronomía Nova* exponiendo en ella sus dos primeras leyes. En esta obra reemplaza la noción de alma motriz por la de fuerza motriz. A partir de ahí, la astronomía no se desvinculará de la física celeste y tendrá que admitir las órbitas elípticas de los planetas.

En 1610 escribe una obra dirigida a Galileo, *Conversación con el mensajero sideral,* que es un comentario a todas las novedades expuestas por Galileo en su Syderius Nuncius. En el tema de la Vía Láctea le dice textualmente a Galileo:

> Hicistes las delicias de astrónomos y físicos al descubrir la naturaleza de la Galaxia, nebulosas y enrollamientos nebulosos, confirmando a quienes anteriormente afirmaban lo mismo que tú en el sentido de que no eran sino una reunión de estrellas cuyas luces se confunden por la torpeza de la visión [8].

En 1619 publica *Harmonice Mundi, La armonía del mundo.* En este libro se basa en la música para buscar regularidades y enuncia su famosa tercera ley. Su concepción del cosmos es un universo único, con seis planetas y un sol en el trono, y con estrellas encerradas dentro de una bóveda celeste. Su universo seguía siendo por lo tanto limitado, finito.

Isaac Newton fue el primer científico que hizo caso a Kepler y continuó la tarea de comprender el universo, buscando explicaciones que diesen cuenta del movimiento planetario descrito por Kepler. Ello le llevó a criticar el modelo del universo descrito por Descartes basado en un número indefinido de vórtices contiguos cada uno de ellos con un sol en su centro y con planetas que se mueven a su alrededor.

La obra maestra de Newton fue *Filosophiae naturalis principia matemática (Filosofía natural de los principios matemáticos).* En este libro, el mejor libro en la historia de la ciencia según algunos autores, formula su ley de gravitación universal que dice: "La fuerza de atracción F entre dos masas cualesquiera es directamente proporcional a las masas e inversamente proporcional al cuadrado de las distancias que separan sus centros".

Esta ley sirve para dos masas cualesquiera en el sistema solar y como la masa del sol es mucho mayor que la masa de los demás planetas, el sol ejerce una mayor influencia sobre los planetas que estos sobre él.

Newton inició de esta forma una rama de la astronomía, la Mecánica celeste, en cuyo desarrollo influyeron durante los siglos XVIII y XIX matemáticos tan geniales como Euler, D´Alembert, Lagrange y Laplace.

Las hipótesis de Wright y Kant sobre la Vía Láctea

Si el siglo XVII fue el de la revolución científica, en el XVIII un cierto progreso viene de los filósofos. El inglés Tomás Wright (1711-1788) publicó en el año 1750 *An Original Theory or new hipótesis of the universe* (*La teoría original o nueva hipótesis del universo)*. En esta obra sostiene la hipótesis de un universo esférico de un radio muy grande en el cual el sol y todas las estrellas, están en movimiento en torno a un centro en el que está el Trono Sagrado de Dios del que emana su poder infinito. Lo singular de esta postura es que coloca el Ojo divino en el centro gravitacional del universo.

Wright puede ser considerado un representante de la astroteología porque para él astrología y teología iban unidas. Él no pretendía simplemente dar una visión del universo sino también ayudar a los hombres a reflexionar sobre la vida tras la muerte. En su opinión las almas buenas al morir irían hacia ese Ojo divino mientras que las malas vagarían fuera de ese centro.

En esta obra intenta explicar la apariencia de la Vía Láctea. La consideraba un fenómeno óptico; una banda de luz que surge a partir de una concentración plana de estrellas. Esta banda era muy delgada. Esto no debe sorprendernos porque Kepler estimó en torno a unos 15 km el espesor de la esfera de las estrellas fijas[9].

También cree que existen en el universo otros sistemas similares a nuestra Vía Láctea que giran en torno a sus propios centros divinos. De esta manera intenta explicar, lo que a partir del siglo XVII se había llamado nebulosas. En el gráfico adjunto se puede ver un dibujo en el que se explicita esta teoría. Cada círculo representa un posible universo en cuyo centro estaría el Ojo divino de Dios. Wright ilustraba sus conferencias con dibujos que permitiesen explicar mejor sus pensamientos.

La obra de Wright no fue muy conocida en su día pero, por casualidad, Kant leyó en un periódico la exposición de Wright. A partir de ese momento el filósofo se planteó también la cuestión de la Vía Láctea. En 1755 publicó *Historia y Teoría Universal de los cielos*, que marca un hito en la cosmología. En el prefacio reconoce la influencia que en esta obre tienen Descartes, Newton, Wright y Mauperius, que consideraba que las nebulosas eran sistemas de estrellas, idea de la que se hizo eco Kant.

Dibujo con el que Wright ilustraba sus conferencias sobre la Vía Láctea

Una de las ideas de Kant fue que la Vía Láctea era un sistema de estrellas en forma de disco aplanado porque se encontraba en rotación y se mantenía unido por su propia gravitación. Las nebulosas eran masas de estrellas en rotación semejantes a nuestra Galaxia. El mundo era un universo isla. Esta denominación tan afortunada es posterior pues se debe a Alexander von Humbolt en 1850. Las islas, las nebulosas, flotaban en un inmenso mar de espacio vacío.

Una de las objeciones que el propio autor se hacía era ¿cómo podía haber un centro en un universo infinito? Kant pensaba que, desde un punto de vista geométrico, no podía existir un centro si el universo era infinito pero creía que le podría llamar centro a la semilla inicial de la evolución cósmica. Infinitud, creación y evolución fueron nociones clave en esta cosmología de Kant. En 1781 concluyó que las nociones de edad y extensión no tenían sentido cuando se trataba del universo.

Herschel nos incluye en la Vía Láctea

Una vez que los astrónomos iban resolviendo la geometría y la dinámica del sistema solar intentaron ir más allá explorando la que se creía era la esfera de las estrellas fijas.

Un personaje fascinante en la investigación astronómica celeste es William Herschel (1738-1822), el descubridor del planeta Urano. Él fue un músico pobre que de forma autodidacta estudió astronomía y se construyó personalmente telescopios; con uno de ellos consiguió ampliar nuestro sistema solar añadiéndole un nuevo planeta.

Hasta ese momento los planetas del sol que se conocían eran: Mercurio, Venus, la Tierra, Júpiter y Saturno. En 1781 Herschel localizó un nuevo cuerpo celeste informando a la comunidad científica que, al estudiarlo, lo catalogó como un nuevo planeta. En un principio le llamó Georgium Sidus (la estrella de Jorge), en homenaje al rey Jorge III de Inglaterra, pero los astrónomos decidieron continuar la tradición de asignar a los planetas nombres de dioses y le llamaron Urano. Urano en la mitología griega era el padre del dios Cronos.

Retrato de William Herschell
Wikipedia

A partir del descubrimiento del planeta, Herschell recibió numerosos honores y el rey le nombró astrónomo de su corte lo que le permitió fabricar un gran telescopio. Una réplica de su telescopio se encuentra en el Observatorio Astronómico Nacional situado en el parque del Retiro de Madrid.

Con este aparato Herschel comenzó el estudio de la astronomía de las estrellas. El primer paso fueron las estrellas dobles. Los astrónomos habían observado en algunos casos dos estrellas en lugar de una y buscaban explicación a este fenómeno. Herschel, en 1803, afirmó:

> Muchas de las estrellas dobles no son dobles más que en apariencia, pero otras muchas deben ser consideradas como una combinación real de dos estrellas íntimamente ligadas una a la otra por los lazos de su atracción mutua[10].

Es decir que ambas estrellas se atraen mutuamente y giran en torno al centro de gravedad del sistema. Esta afirmación tuvo gran importancia para entender el universo puesto que validaba la ley de gravitación de Newton también en el cielo de las estrellas haciendo, por lo tanto, que esta ley tuviese un valor universal.

Pero el descubrimiento más importante fue que el sol era una de las estrellas que formaban la Vía Láctea. Ello implicaba que nosotros estábamos inmersos en la Vía Láctea. Pero ¿cuál era la forma de esta Vía y dónde está situada la tierra? Herschell le atribuyó la forma de una galleta gorda por el centro y menos gorda por los extremos. En cuanto al sol pensó que estaría situado en el entorno del centro de la Galaxia. Es fácil pensar que tuviese esa hipótesis, ya que la humanidad llevaba milenios pensando que estaba en el centro del universo, ahora había que pensar que el sol estaría cerca del centro de la Galaxia pero de nuevo nos damos cuenta que ni siquiera nuestro sol está en el centro.

Herschel realizó estimaciones sobre el tamaño de la Vía Láctea. Le atribuyó un diámetro de 8.000 años luz y un grosor de 100 años luz y suponía que contenía entre 75 y 100 millones de estrellas. Estos números, aunque a él le parecerían enormes, se han visto desbordados con los nuevos instrumentos ópticos.

Los astrónomos llamaban nebulosas a aquellos objetos celestes de apariencia difusa. Herschell consideró que muchas de estas nebulosas fuera del plano de nuestra galaxia serían también galaxias es decir conjuntos de estrellas. Esta hipótesis había sido sostenida por varios autores pero Herschell logró ver las estrellas de esas nebulosas que hoy reciben el nombre de cúmulos globulares.

Nuevos planetas y nuevas definiciones

Las definiciones de los objetos celestes van cambiando con el curso de la historia y la incorporación de nuevos descubrimientos. Este cambio de definiciones, que dificulta el entendimiento de esta ciencia a los aficionados, afectó a los planetas a comienzos del siglo XXI.

Etimológicamente la palabra planeta significa errante. Los planetas eran para los antiguos las estrellas errantes, es decir las que se movían en el cielo, para distinguirlas del resto de las estrellas, que al encontrarse tan lejos de nosotros nos parecen fijas. El modelo cosmológico transmitido por Ptolomeo, que imperó hasta la revolución copernicana, situaba a la tierra en el centro del universo y girando en torno a ella los siete planetas conocidos: la Luna, Mercurio, Venus, el Sol, Marte, Júpiter y Saturno.

Tras el descubrimiento de Copérnico el sol dejó de considerarse un planeta pasando a ser una estrella mientras que la tierra se consideró planeta.

La definición de planeta, aunque no se escribió, fue la de todo cuerpo que giraba en torno al sol. La luna se siguió considerando planeta, con lo cual la definición tenía una excepción[11].

Kepler acuñó el nombre de satélite, que etimológicamente quiere decir guardián, para referirse a los cuatro cuerpos que había encontrado Galileo girando en torno a Júpiter. La luna recibió entonces el nombre de satélite. Los planetas quedaron en seis.

Ya se ha visto que Herschel localizó en 1781 el planeta Urano con lo cual el número de planetas fue de siete. Veinte años después Giuseppe Piazzi encontró un nuevo cuerpo que giraba en torno al sol al que bautizaron como Ceres, era el octavo planeta. Un año después se encontró otro, el noveno, al que bautizaron con el nombre de Palas, en honor a la diosa Palas Atenea para la que los griegos habían construido el Partenón.

Ceres es pequeño, su diámetro oscila entre 930 y 970 kilómetros. Palas es más pequeño que Ceres. Herschell, quizás queriendo ser el único humano que hasta ese momento había descubierto un planeta, propuso que dado su tamaño Ceres y Palas no fuesen considerados planetas, sino un nuevo tipo de objetos celestes, a los que bautizó como asteroides. La propuesta de Herschell fue aceptada por la comunidad científica con lo cual el número de planetas fue de nuevo reducido a siete.

En 1845 fue descubierto Neptuno, el ahora octavo planeta. El descubrimiento de Neptuno se puede considerar un triunfo del razonamiento matemático y una confirmación de "La Mecánica celeste", la teoría iniciada por Newton que explicaba el movimiento de los cuerpos en función de la atracción gravitatoria entre ellos.

Los astrónomos observaron que el planeta Urano se desviaba de la órbita que, en teoría, le correspondía. ¿Cuál era la causa de esta desviación se preguntaban? Algunos pensaron que la ley de gravitación universal podía no ser válida a distancias tan grandes del sol. Otros, entre los que se encontraba Adams y Leverrier, pensaron que debía existir un cuerpo cuya masa atraía a Urano y le desviaba de la órbita prevista sin esa atracción. Adams logró dar un valor para la masa de ese cuerpo y Leverrier dio la posición en la que debía encontrarse el planeta en una fecha dada, favorable para que pudiese ser visto desde la tierra. Galle, logró con su telescopio el 23 de septiembre de 1846 ver un punto luminoso que no se encontraba en su mapa estelar en la posición aproximada que había señalado Leverrier.

Días después el punto luminoso se había cambiado de lugar lo que implicaba el descubrimiento del planeta que se estaba buscando. Siguiendo con la tradición de dar a los planetas el nombre de un dios, se le llamó Neptuno. Neptuno fue el primer planeta que se descubrió con la ayuda de un razonamiento matemático. Cuenta la leyenda que Leverrier no quiso ver con el telescopio el planeta que había descubierto con sus ecuaciones, que se encontraba a cuatro mil quinientos millones de kilómetros del sol.

Con el mismo procedimiento anterior, Pickering realizó unos cálculos que demostraban que existía otra masa más allá de Neptuno. En 1930 las fotografías tomadas en el observatorio de Mont Wilson descubrieron a Plutón, el noveno planeta. Todos los que hemos estudiado en la segunda mitad del siglo XX aprendimos que Plutón era el noveno planeta.

A finales del siglo XX nuevos descubrimientos hicieron preguntarse a los astrónomos sí Plutón, cuyo tamaño era menor del que se había estimado en principio, debía seguir siendo considerado un planeta. La Unión Astronómica Internacional, en su reunión del 24 de agosto del 2006 celebrada en Praga, dio una nueva definición de planeta y despojo a Plutón de la categoría de planeta, considerándole simplemente un planeta enano.

El triunfo de la teoría de los universos islas

En abril de 1920 hubo un simposio en la Academia Nacional de Ciencias de Washington sobre las dimensiones de la Vía Láctea, la escala del universo y, sobre si la nebulosa de Andrómeda estaba dentro o no de la Vía Láctea. En este simposio participaron Harlow Shapley (1885-1972) y H.D.Curtis (1872-1942). Shapley sostuvo que las dimensiones de la Vía Láctea eran de 300.000 años luz de diámetro aproximadamente y unos 30.000 años luz de grosor, que el sol no estaba en el centro de la Galaxia y que la nebulosa de Andrómeda y los cúmulos globulares se encontraban dentro de la Vía Láctea.

Sus cálculos estaban equivocados pero había incrementado de una manera extraordinaria las dimensiones de la Galaxia que, hasta entonces, se estimaban entre 15.000 y 20.000 años luz.

Curtis por el contrario, sostenía que el universo era pequeño, que el sol estaba en el centro y que las nebulosas, en concreto Andrómeda, eran otras galaxias situadas más allá de la Vía Láctea.

Este congreso, que en su día pasó bastante desapercibido, muchos años después ha pasado a la historia de la astronomía como "El gran debate", ya que en él se estaba discutiendo una cuestión tan de fondo como la existencia de galaxias diferentes a la nuestra.

La solución definitiva a este tema se debe a un contemporáneo suyo, Edwin Powell Hubble, que ha pasado a la historia de la astronomía observacional como una figura comparable a la de Galileo y Herschell. Galileo terminó con todas las hipótesis que durante milenios se sucedieron sobre la Vía Láctea al enfocar su telescopio y ver estrellas. Herschell, con un telescopio más potente, fue capaz de ver estrellas en algunas nebulosas. Hubble, con el telescopio del Monte Wilson, dio un paso más al establecer que la nebulosa de Andrómeda era una galaxia diferente a la Vía Láctea.

Hubble publicó en el año 1925 en las revistas *Popular Astronomy* y *Observatory* el descubrimiento de varías cefeidas en la nebulosa de Andrómeda. Las cefeidas son estrellas cuya luminosidad varía con un periodo bastante regular. Su nombre proviene de la más representativa, la estrella Delta Cephei, que se encuentra en la constelación de Cefeo. Esta estrella había sido descubierta en 1784 por un astrónomo amateur John Goodricke.

Henrietta Leavitt, una mujer que trabajaba como calculadora en el laboratorio de Pickering, descubrió estrellas de luminosidad variable y periódica en la Pequeña Nube de Magallanes y observando las placas fotográficas de estas estrellas fue capaz de obtener una ley que más tarde permitió hallar las distancias intergalácticas.

Hubble empleando estos conocimientos fue capaz de calcular la distancia a la cefeida localizadas en Andrómeda y estimó que era de 930.000 años luz. Los cálculos estaban equivocados, en la actualidad se estima unos 2, 2 millones de años luz.

La distancia tan enorme llevó a la mayoría de la comunidad astronómica a aceptar la teoría del universo isla, que ya había sido propuesta de un modo teórico por otros intelectuales. La nebulosa de Andrómeda pasaba a ser considerada una galaxia y la Vía Láctea dejaba definitivamente de ser la única Galaxia en el universo. Con la ley de la Relatividad General propuesta por Einstein y los descubrimientos de Hubble se inició la nueva cosmología con su propuesta de la teoría del Big Bang realizada en 1948 por el físico ucraniano, nacionalizado estadounidense, George Gamow.

La Vía Láctea en el universo del siglo XXI

Los potentes telescopios actuales, sobre todo desde el año 1990, han permitido observar un universo cuyas dimensiones nunca pudieron ser imaginadas ni por mentes tan preclaras como las de Galileo o Herschel. En ese universo está la Vía Láctea y, en ella, nosotros. Hoy sabemos que la Vía Láctea es una galaxia espiral cuyo diámetro medio es de unos 100. 000 años luz y su grosor medio es de unos 10.000 años luz. Redondeamos los números para recordarlos mejor.

La Vía Láctea ha sido dividida en tres regiones diferenciadas: el halo, el disco y el bulbo, teniendo en cuenta, entre otros criterios la concentración de estrellas. En el halo la concentración de estrellas es muy baja; en el disco, que es donde se encuentran los brazos de la galaxia, la densidad de estrellas es mucho mayor y en el bulbo o núcleo, en la parte central, la concentración es máxima.

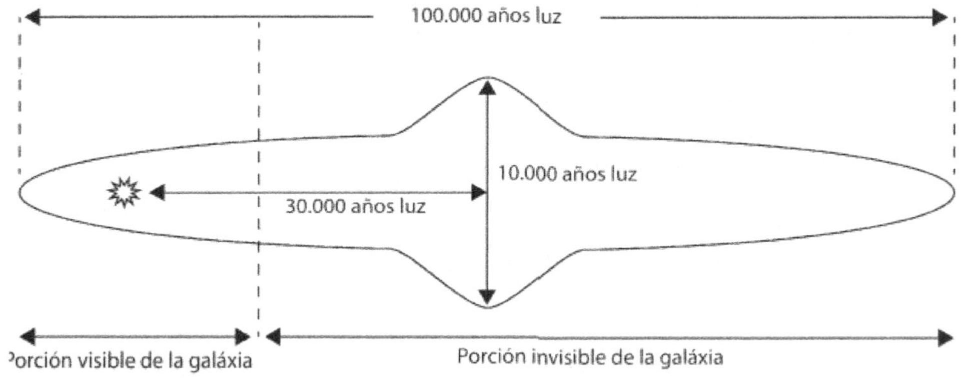

El sistema solar se encuentra en un brazo del disco de la galaxia, en el brazo de Orión. Hoy se estima que está a unos treinta mil años luz del centro. En el sistema solar la única estrella es el sol, es decir, el sol, a diferencia de otras muchas estrellas de la Galaxia, es una estrella aislada. La estrella más próxima al sol es Alfa Centauri que se encuentra a algo más de 4,3 años luz del sol. En realidad, no es solamente una estrella sino que son dos estrellas Alfa Centauri A y Alfa Centauri B de tamaños y edades parecidas que se atraen gravitacionalmente y giran en torno a un centro de gravedad; puede existir una tercera estrella en el conjunto.

Se estima que la Vía Láctea puede contener entre doscientos mil millones y cuatrocientos mil millones de estrellas, nubes de gas, planetas y polvo, unidas gravitacionalmente. También forman parte de las galaxias unos constructos que los cosmólogos emplean en sus explicaciones y que son la materia oscura y la energía oscura.

Las galaxias no se distribuyen homogéneamente por el universo sino que se agrupan en grupos o cúmulos de galaxias. La Vía Láctea pertenece al llamado Grupo Local de galaxias, al que pertenece también la Galaxia de Andrómeda.

Los cúmulos de galaxias tampoco se distribuyen uniformemente sino que se van agrupando en los supercúmulos. Nosotros, que estamos en el Grupo Local, pertenecemos al Supercúmulo Local o Supercúmulo de Virgo. Se llama así porque el cúmulo predominante es el cúmulo de Virgo formado por más de mil galaxias.

En el universo hay muchos supercúmulos y muchos espacios vacíos que son tan grandes al menos como los supercúmulos. Es difícil imaginar el universo. Un símil podría ser el de una esponja en la cual la materia serían las galaxias que estarían conectadas unas con otras y los huecos de la esponja serían los espacios vacíos que también estarían conectados[12]. Pero esta imagen sería muy incompleta porque no podemos conocer los límites del universo ni en el espacio ni en el tiempo.

1 cm equivale a 1 millón de años luz

Juan Fernández Macarrón ha creado en su libro *La Galaxia en un campo de futbol* varios modelos para intentar que comprendamos las distancias en el universo. Los objetos más lejanos que somos capaces de detectar no superan los 15.000 millones de años luz. Para poder situar estos objetos en todas las direcciones se imaginó una esfera centrada en nosotros y que tuviese ese radio. Su diámetro tendría que ser entonces de 30.000 millones de años luz. ¿Qué objeto podría proporcionar una comparación de distancia sin necesidad de hacer cálculos complicados?

Se le ocurrió que la torre Eiffel tiene una altura de 300 metros y se podría establecer la escala:

30.000 millones de años luz en el universo equivalen a 300 metros en la Torre luego un millón de años luz el universo equivale a 1 cm en la Torre.

Toda nuestra Galaxia, la Vía Láctea, mide 100.000 años luz, luego ocuparía simplemente 1mm en la Torre Eiffel y nosotros estaríamos dentro de ese milímetro. El autor se imagina a la Vía Láctea del tamaño de una lenteja pequeña colocada dentro del universo Torre Eiffel.

El grupo de galaxias en el que está la Vía Láctea, el llamado Grupo Local, tendría en esta escala un tamaño similar a una pelota de golf, luego si imaginamos que todo el grupo Local está en el centro de la Torre solamente sería una pelotita de golf apenas visible en la estructura total[13].

Quedan todavía preguntas importantes sobre nuestra galaxia. Entre ellas ¿cómo se formó? En 1962 los astrónomos Eggen, Lynden_Bell y Sandge propusieron que la Vía Láctea se formó por el hundimiento gravitatorio de una gran nube de gas primigenio. Este paradigma parecía que conectaba la química de las estrellas con su cinemática porque explicaba la existencia de fósiles galácticos.

Sin embargo, veinte años después, otros científicos rebatieron esta propuesta porque, en su opinión, las observaciones indicaban que las partes más externas de la galaxia habían sido añadidas posteriormente. Con ello se rompió la idea de un proceso monolítico de formación porque es posible que no existiese solamente una nube sino varias que se movían alrededor de su centro de masas. El "Modelo estándar inflacionario" defiende esta hipótesis pero nos queda todavía mucho por descubrir.

Capítulo 3

Un camino de dioses, héroes y estrellas

La Vía Láctea: camino de dioses y héroes

En los capítulos anteriores se ha expuesto la evolución en el conocimiento de nuestra Galaxia. En éste se comenzará a indagar en los orígenes de la vinculación de la Vía Láctea con el Camino de Santiago. Se comenzará recordando que a lo largo de los siglos la Vía Láctea ha sido interpretada como un camino de dioses y héroes en varias mitologías, entre ellas: la védica, griega, romana, armenia, alemana, nórdica y cristiana.

La mitología védica antigua nos ha llegado a través de El RigVeda, un texto elaborado en la India en el segundo milenio a. C., compuesto por himnos en honor de los dioses. Entre ellos se menciona a Aryamán, un dios solar que tiene como misión mantener unida a la comunidad aria a lo largo del tiempo, protegerla económicamente y de los acechos de la magia. También, entre los deberes del dios, estaba ocuparse de los matrimonios, debiendo proporcionar a las mujeres maridos óptimos.

Aryamán es el Dios de los caminos, de la libre circulación y aquel que permite a las personas ir al lugar dónde deseen. Está asociado a los fallecidos y se supone que la Vía Láctea es su camino. Como en el caso de otras divinidades su culto se vio relegado por el de otros dioses y su nombre prácticamente ha desaparecido de las doctrinas de la India[1].

La mitología griega creó diversos mitos para explicar la Vía Láctea siendo los dos más conocidos los explicados en el primer capítulo: el mito de Faetón y el de la diosa Hera al amamantar a Heracles. Otro mito, mucho menos divulgado, interpreta la Vía Láctea como la senda por la que Heracles, en su décimo trabajo, se llevó los bueyes de Gerión.

Heracles luchando con Gerión
Ánfora en el Museo del Louvre

La mitología armenia, más desconocida, explica hasta de nueve formas diferentes, la creación de la Vía Láctea. En una de ellas el dios Vaghan, dios del fuego, en un invierno especialmente frío, robó un carro de paja a un rey asirio. Al trasladar este carro por los cielos algunas partes del mismo se cayeron originando la Vía Láctea[2]. Para los armenios la Vía Láctea es *La Huella del Ladrón de paja*.Al parecer en diversas zonas de África y Asía, la Vía Láctea también se identifica como un camino de paja.

Queremos llamar la atención sobre una cierta semejanza entre el mito griego de Faetón y el armenio de Vaghan en atribuir a un robo de un héroe o de un dios, el origen de la mancha blanquecina en los cielos.

La mitología alemana asocia la Vía Láctea con el Camino de Iring. Los hermanos Grimm, entre 1816 y 1818, editaron varias sagas y, en la número 545 dicen "La fama de Iring es tal que el círculo lácteo en el cielo es denominado Iringstrafe", es decir "camino de Iring". Este Iring es un valeroso soldado que aparece en una obra escrita por Wildukind de Corvey hacia el año 970 sobre la historia de los sajones. En los capítulos nueve al trece del libro primero narra la destrucción del reino de los turingios por los francos alrededor del año 531 con la ayuda de los sajones[3]. Aquí es dónde inserta la leyenda de Iring, leyenda de la que casi mil años después se continuaron haciendo eco los hermanos Grimm.

La mitología nórdica también asocia la Vía Láctea a uno de sus dioses más importantes. Según A. Murray la Vía era conocida también como "el Camino de Odín" en la cacería salvaje. Odín era un dios guerrero y cazador pero también amante de la magia y la poesía. Su amor hacia el conocimiento le llevó a sacrificar su ojo izquierdo para saber por qué era necesario el sufrimiento de los dioses y los hombres.

Odín es un dios caminante; su imagen, a veces, es la de un anciano con sombrero de ala ancha y con una vara como bastón, que se lanza a los caminos y tiene que pedir hospitalidad. En esto puede recordarnos a un peregrino. Se cuenta que algunas gentes cuando daban asilo a un caminante pensaban que quizás pudiese ser Odín disfrazado.

Odín era el que dirigía la cacería salvaje, un mito del folclore europeo que con variantes se conoció en el centro, norte y oeste de Europa estando muy extendido. La esencia del mito era que un grupo formado esencialmente por muertos, almas perdidas y espíritus, liderados por algún líder, acompañados por perros salvajes, viajaban por el cielo y los caminantes que se los encontrarán podían perder la vida. La cacería salvaje podía ser presagio de desgracias.

Resumiendo los datos anteriores la Vía Láctea ha sido considerada el camino de, al menos, los siguientes dioses y héroes: Aryaman, Heracles, Faetón, Vaghan, Odín e Iring.

Todos estos mitos y leyendas fueron, poco a poco, sustituidos por la asociación de la Vía Láctea con un héroe judeocristiano, el Apóstol Santiago. A partir de ahora se tratará de esclarecer esta leyenda por lo que comentaremos brevemente la génesis del fenómeno jacobeo y el manuscrito que contribuyó a su éxito, *el Códice Calixtino.*

El Camino de Santiago

La peregrinación es un viaje, en general largo y por tanto realizado en varios días, hacia un lugar sagrado, con el fin de rendir culto o solicitar alguna gracia. La costumbre de peregrinar ha existido en todos los tiempos y culturas. Buen ejemplo de ello son, entre otros, los santuarios de Apolo en Delfos, de Mathura en la India y la Meca mahometana.

Centrémonos en la peregrinación cristiana y en su evolución histórica. Sus comienzos hay que situarlos en los primeros tiempos de expansión de la nueva fe. La Iglesia heredó esta costumbre del pueblo de Israel que había tenido conciencia de su unidad caminando por el desierto. Todos los años el israelita piadoso viajaba a Jerusalén. Las comunidades cristianas continuaron con esta práctica en la que también participaban las mujeres. Una peregrina del siglo IV que ha pasado a la historia es Egería, que tras recorrer la Tebaida leonesa, viajó a Egipto y Tierra Santa.

En la época carolingia la Iglesia permitió que los restos mortales de santos y mártires se trasladasen de un lugar a otro. Como consecuencia de ello toda Europa se fue llenando, paulatinamente, de iglesias que guardaban en su interior reliquias de alguien notable. Por lo tanto, era fácil encontrar santuarios, relativamente cercanos, a los que acudir con un grupo de amigos al llegar la primavera y las fiestas locales. En este ambiente, durante el siglo IX nació un nuevo lugar de culto para los cristianos: Santiago de Compostela.

La reconstrucción de los hechos reales del hallazgo del sepulcro del Apóstol es imposible por falta de pruebas históricas. El primer documento que se conserva describiendo el encuentro es *La Concordia de Antealtares,* fechada en el año 1072, cuando la peregrinación estaba en pleno apogeo.

Catedral de Santiago.
Foto de Jesús Salas Parrilla

Lo que aquí se cuenta es la leyenda, ya consolidada por el paso del tiempo, de unos hechos que sucedieron en torno al año 816. Esta fecha está en revisión y actualmente se opina que probablemente sería en torno a los primeros años de la década del 820.

La leyenda cuenta, que reinando Alfonso II el Casto, los feligreses de la desaparecida iglesia de San Félix de Solobio observaron hechos sobrenaturales en un lugar que estaba próximo a un castro celta. Durante las noches se oían cantos celestiales y se veía una lluvia de estrellas iluminando un punto. La explicación del fenómeno fue revelada a un eremita llamado Pelayo que vivía en las proximidades. El sarcófago de Santiago el Mayor estaba bajo la lluvia de estrellas. Pelayo comunicó rápidamente la noticia a Teodomiro, obispo de Iría Flavia, la actual Padrón. Éste, después de confirmar la veracidad de los hechos y encontrar la tumba, llevó la buena nueva al monarca asturiano. Hasta aquí la leyenda.

Los únicos hechos comprobados son que Alfonso II ordenó edificar una pequeña iglesia en el lugar y que él mismo la visitó. Su sucesor, Alfonso III, continuó apoyando el descubrimiento y construyó una nueva iglesia más grande y con materiales mejores que los de la primitiva.

Los historiadores se preguntan cuáles fueron los factores que influyeron en que Santiago de Compostela se convirtiese en la tercera meta de la Cristiandad, compitiendo en importancia con Roma y Jerusalén y atrayendo numerosos viajeros a lo largo de los siglos. Las respuestas son siempre complejas, pero intentaremos dar algunas claves que expliquen la consolidación de la ruta en los siglos XI y XII:

a. **El apoyo de los poderes civil y eclesiástico.** Un hombre clave en la historia compostelana fue Diego Gelmírez, quien en el año 1100 fue nombrado obispo de Compostela y en 1120 arzobispo. Él fue quien consiguió el arzobispado para esta sede. Su ambición se centró en conseguir prestigio para el Apóstol y su ciudad; los reyes Alfonso VI, Alfonso VII y el papa Calixto II fueron aliados para sus propósitos. Gelmírez consiguió dinero para la Catedral, así como la creación del año santo o de perdonanza. Un año es santo si la festividad de Santiago, el 25 de julio, cae en domingo.
b. **La situación social dentro y fuera de nuestras fronteras** En los siglos XI y XII, dada la situación de la Reconquista, el mercado en el norte peninsular va unido indisolublemente al Camino Francés, siendo ésta la arteria por la que circulaban toda clase de bienes. Cuando se debilitó el Califato de Córdoba, y fue posible la existencia de otras vías comerciales, nuestra vía notó progresivamente que era menor el número de pasos que hollaban sus piedras. El Camino, vinculado a la Reconquista, encontró en los francos un grupo humano que colaboró en la repoblación de la zona.

c. **Una organización perfecta.** Para facilitar el viaje a los peregrinos se tomaron diversas y acertadas medidas. Entre ellas:

- La creación de una red de asistencia sanitaria y técnica. A lo largo de la ruta había un gran número de hospederías y hospitales.
- La pacificación de los territorios por los que pasa el Camino. La defensa y hospitalidad de la ruta estuvo a cargo de varias órdenes militares, entre ellas: la de San Juan, la del Temple y la de Santiago
- La regulación de normas jurídicas para proteger al peregrino. La legislación contempló muchas situaciones que podían desanimar al peregrino a iniciar el viaje: el pago de impuestos, los abusos de posaderos o qué hacer con los bienes del jacobita en el triste caso de su muerte.
- La realización de manuscritos que, a su vez, actuaban de propaganda. La primera guía de turismo que se conoce en el mundo está precisamente en el *Códice Calixtino.*

d. **La importancia del propio Apóstol.** El hecho de que Santiago hubiese compartido parte de su vida con Jesucristo le convierte, como a San Pedro y San Pablo, en una figura histórica de excepcional importancia, digna por sí misma de atraer fieles a su sepulcro.

Apóstol Santiago. Catedral de Compostela

Todos los factores anteriormente mencionados no hubiesen servido, si miles de hombres y mujeres no se hubiesen decidido a surcar los caminos. Ellos son pues, los auténticos protagonistas [4].

Camino de Santiago: un camino de estrellas

En la actualidad el Camino de Santiago se publicita, en muchas ocasiones, cómo "el camino de las estrellas". Surge la pregunta: ¿Desde cuándo se realizó esta asociación? La primera referencia escrita que se conoce en la que se vincula el Camino de Santiago con un camino de estrellas se encuentra en el primer capítulo del libro IV del *Códice Calixtino.* En este capítulo se narra la aparición del Apóstol Santiago a Carlomagno. Reproducimos la totalidad del capítulo poniendo en negrita el texto que ha servido como base para la asociación:

El gloriosísimo apóstol de Cristo, Santiago, mientras los otros Apóstoles y discípulos del Señor fueron a diversas regiones del mundo, predicó el primero, según se dice, en Galicia. Después, sus discípulos, muerto el Apóstol por el rey Herodes y trasladado su cuerpo desde Jerusalén a Galicia por mar, predicaron en la misma Galicia; pero los mismos gallegos más tarde, dejándose llevar por sus pecados abandonaron la fe hasta el tiempo de Carlomagno, emperador de los romanos, de los franceses, de los teutones, y de los demás pueblos, y pérfidamente se apartaron de ella.

Más Carlomagno, después que con múltiples trabajos por muchas regiones del orbe adquirió con el poder de su invencible brazo y fortificado con divinos auxilios, distintos reinos, a saber, Inglaterra, Galia, Alemania, Baviera, Lorena, Borgoña, Italia, Bretaña y los demás países, así como innumerables ciudades de un mar al otro, y las arrancó de manos de los sarracenos y las sometió al imperio cristiano, fatigado por tan penosos trabajos y sudores, se propuso no emprender más guerras y darse un descanso.

Códice Calixtino. Sueño de Carlomagno

Y en seguida vio en el cielo un camino de estrellas que empezaba en el mar de Frisia y, extendiéndose entre Alemania e Italia, entre Galia y Aquitanía, pasaba directamente por Gascuña, Vasconia, Navarra y España hasta Galicia, en donde entonces se ocultaba el cuerpo de Santiago. Y como Carlomagno lo mirase algunas veces cada noche comenzó a pensar con gran frecuencia que significaría.

Y mientras con gran interés pensaba esto, un caballero de apariencia espléndida, y mucho más hermosa de lo que decirse puede, se le apareció en un sueño durante la noche, diciéndole:

—¿Qué haces, hijo mío?

A lo cual dijo él:

—¿Quién eres, señor?

—Yo soy —contestó— Santiago apóstol, discípulo de Cristo, hijo de Zebedeo, hermano de Juan el evangelista, a quién con su inefable gracia se dignó elegir el Señor, junto al mar de Galilea para predicar a los pueblos, al que mató con la espada el rey Herodes, y cuyo cuerpo descansa ignorado en Galicia, todavía vergonzosamente oprimida por los sarracenos. Por esto me asombró enormemente de que no hayas liberado de los sarracenos mi tierra tú que tantas ciudades y tierras has conquistado. Por lo cuál te hago saber que así como el Señor te hizo el más poderoso de los reyes de la tierra, igualmente te ha elegido entre todos para preparar mi camino y liberar mi tierra de manos de los musulmanes, y conseguirte por ello una corona de inmarcesible gloria. **El camino de estrellas que viste en el cielo significa que desde estas tierras hasta Galicia has de ir con un gran ejército a combatir a las pérfidas gentes paganas, y a liberar a mi camino y a mi tierra, y a visitar mi basílica y mi sarcófago.** Y después de ti, irán peregrinando allí todos los pueblos, de mar a mar, pidiendo el perdón de sus pecados y pregonando las alabanzas del Señor, sus virtudes y las maravillas que obró. Y en verdad que irán desde tus tiempos hasta el fin de la presente edad. Ahora, pues, marcha cuánto antes piedad, que yo seré tu auxiliador en todo; y por tus trabajos te conseguiré del Señor en los cielos una corona, y hasta el fin de los siglos será tu nombre alabado.

De esta manera se apareció el Apóstol por tres veces a Carlomagno. Así, pues, oído esto, confiando en la promesa apostólica, y tras habérsele reunido muchos ejércitos, entró en España para combatir a las gentes infieles [5].

Hay una miniatura acompañando el texto en la que se ve a Carlomagno en su lecho observando la Vía Láctea y al Apóstol Santiago que se le aparece.

Tras la lectura de este texto son muchas las preguntas que pueden formularse: ¿En qué se basó el autor para escribir este sueño? Algunos sugieren que pudo basarse en el *Sueño de Escipión* de Cicerón. Esta hipótesis tiene fundamento en el sentido de que en ambos sueños se le promete al guerrero alcanzar la gloria en el otro mundo tras pelear en éste. Pero ello supondría el conocimiento por parte del autor de dicho sueño y son muchas las incógnitas que sobre este texto tenemos. ¿Cuándo se escribió? ¿Dónde se escribió? ¿Quién fue su autor? ¿Por qué el Camino de estrellas comenzaba en Frisia? ¿Cuál fue la idea que le inspiró referirse a un camino de estrellas en la leyenda?

Algunos investigadores han intentado responder a estas preguntas, tras estudiar uno de los manuscritos medievales más interesantes: *El Códice Calixtino.*

El Códice Calixtino

El Liber Santi Jacobi es una compilación de textos realizada en el siglo XII de la que se conservan varios manuscritos en Europa, siendo el más conocido y estudiado el *Codex Calixtinus*. Este manuscrito se encuentra depositado en la catedral de Santiago de Compostela, a la que volvió después de ser robado en el año 2011.

El *Codex Calixtinus* consta de una introducción consistente en una carta del Papa Calixto II (por eso se llama *Códice Calixtino*), cinco libros o partes diferentes y dos apéndices. Seguidamente se describen las partes del Códice:

La introducción o prólogo es una carta del Papa Calixto II en la que se dice que en el *Códice* se recogen muchos hechos y testimonios referentes al Apóstol Santiago. El manuscrito va dirigido a la abadía de Cluny, el gran centro benedictino de la Europa de su época, y a Diego Gelmírez, el arzobispo compostelano.

El Papa Calixto II, que aparece en la miniatura del *Códice* enmarcado dentro de la letra C, estaba relacionado con la península Ibérica por lazos de sangre: era hermano del conde de Galicia, Raimundo, tío de Alfonso VII, primo de Enrique de Portugal y amigo de Diego Gemírez. Algunos opinan que Calixto II estuvo en Compostela en torno al año 1107, cuando murió su hermano Raimundo, pero este hecho no está totalmente probado. Calixto II, su nombre antes de ser Papa era Guido de Borgoña. Fue Papa desde 1119 a 1124.

El primer libro está dedicado a la liturgia relacionada con el Apóstol Santiago. Es la parte más extensa de todo el códice, ocupando casi la mitad del mismo. Incluye diecisiete sermones y textos para misas. Entre estos últimos están: los de la vigilia de Santiago (24 de julio), la festividad de Santiago (25 de julio) y la Traslación (30 de diciembre). Los oficios y las misas van acompañados de notación musical. Al final del libro hay también un suplemento gregoriano con notación musical.

El segundo libro, *el libro de los Milagros*, contiene veintidós milagros atribuidos al Apóstol y realizados en diversos lugares de Europa; de ellos dieciocho están narrados por el Papa Calixto II, uno por Beda el Venerable, dos por san Anselmo de Canterbury y uno por el maestro Huberto, un canónigo de Santa María Magdalena de Besanzon.

El tercer libro, breve porque solamente contiene seis folios, está dedicada a la evangelización de España por el Apóstol Santiago y a la traslación de su cuerpo desde Jerusalén hasta Galicia. El monte en el que se depositaron sus restos se llamaba Monte Illicino. Éste era un monte sagrado dedicado a Júpiter, igual que estaba dedicado a Júpiter el árbol dominante en el bosque, el roble. El último capítulo nos habla de la costumbre de los primeros peregrinos de recoger conchas en las playas al final de su viaje.

Códice Calixtino
Folio 1 v

El cuarto libro, *L historia Karoli Magni et Rotolando*, ocupa veintiocho folios del manuscrito y contiene veintiséis capítulos. En él se narra la aparición del Apóstol Santiago a Carlomagno, la entrada del emperador en España y sus andanzas para luchar contra los moros y propagar el culto a Santiago, la batalla de Roncesvalles y la muerte de Roldán.

El quinto libro es el que ha alcanzado mayor popularidad entre los peregrinos. Es una guía para realizar el Camino en el siglo XII. Es la primera guía del Camino que se conserva en la que se describen los cuatro itinerarios por Francia y el "Camino Francés" en España.

Al terminar esta quinta parte se dice que el *Códice* se recibió primero en Roma y que se escribió en varios sitios, en Roma, Jerusalén, la Galia, en Italia, en Alemania, en Frisia, y principalmente en la abadía de Cluny.

El primer Apéndice contiene veintidós composiciones polifónicas. El segundo Apéndice fue incorporado a la compilación posteriormente, posiblemente cuando se volvió a encuadernar todo el *Códice* a finales del siglo XII. Está escrito por varía manos y muy estropeado en la actualidad. Comienza con una carta atribuida al Papa Inocencio II, que fue Papa desde 1130 a 1143. Reproducimos las primeras líneas de la carta del papa Inocencio II, a la que posteriormente nos referiremos:

CARTA DEL PAPA INOCENCIO

Inocencio obispo, siervo de los siervos de Dios, a todos los hijos de la Iglesia salud y bendición apostólica en Cristo. Este códice, compuesto primeramente por el papa Calixto, que el poivetino Aimerico Picaud de Pharthenay-le-Vieux, quien se dice también Oliver de Iscan, villa de santa María Magdalena de Vèzelay, y Gerberga de Flandes, compañera suya, donaron a Santiago de Galicia por la redención de sus almas,... [6].

Tras la carta se describen varios milagros atribuidos al Apóstol Santiago, y el himno Dum Pater Familias, un canto de los Peregrinos.

Los autores del *Códice Calixtino*

En el siguiente cuadro se exponen los diversos autores que intervienen en la compilación del libro dedicado al apóstol Santiago según lo que nos dice el propio libro depositado en la catedral compostelana

Parte del Códice	**Autores**
Prólogo	**Papa Calixto II**
Libro I : sermones y misas en honor de Santiago.	**La mayoría son del papa Calixto II aunque hay textos también del papa Gregorio y de Beda el Venerable**
Libro II: los Milagros atribuidos a Santiago	**Dieciocho milagros están narrados por el papa Calixto II, dos por San Anselmo de Canterbury, uno por Beda el Venerable y uno por el maestro Huberto**
Libro III: la Traslación.	**El prólogo es del papa Calixto II y hay también una carta del papa San León**
Libro IV: la historia de Carlomagno y Roldán	**El arzobispo Turpín.**
Libro V: la guía del peregrino	**El papa Calixto II y Aimerico**
Apéndices	**En el segundo apéndice aparece la carta del papa Inocencio II**

Los historiadores dudan del protagonismo concedido al papa Calixto II en la autoría del texto. Comprenderemos la duda al leer cómo nos cuenta el papa Calixto en el Prólogo la salvación del *Códice* que llevaba con él. Esta lectura está llena de elementos fantásticos. Textualmente dice:

> Caí en poder de ladrones y despojado de todo sólo me quedó el manuscrito. Fui encerrado en prisiones y perdida toda mi hacienda, sólo me quedó el manuscrito. En mares de profundas aguas naufragué muchas veces y estuve a punto de morir, y al salir yo salió el manuscrito sin estropearse. Se quema una casa en la cual yo estaba y se quema todo mi ajuar escapó conmigo sin quemarse el manuscrito…

Posteriormente cuenta que se le apareció dos veces Jesucristo, la segunda de ellas acompañado del Apóstol Santiago, animándole a concluir los escritos".

Si el papa Calixto II no escribió el Prólogo ¿Quién lo escribió? ¿Dónde se escribió? ¿Con qué motivo? Estas preguntas se las han formulado los estudiosos desde hace años dando diversas respuestas.

Pero centrémonos en la autoría del libro IV que se atribuye a Turpín. Textualmente el texto en mayúsculas nos dice al comenzar:

> "TURPIN, POR LA GRACIA DE DIOS ARZOBISPO DE REIMS Y CONSTANTE COMPAÑERO DEL EMPERADOR CARLOMAGNO EN ESPAÑA A LUITPRANDO, DEAN DE AQUISGRAN, SALUD EN CRISTO"[7]

Los investigadores descartan que el autor fuese Turpín, monje y tesorero de Saint Denis y arzobispo de Reims, porque Turpín murió en el año 794 y en el texto se narran sucesos posteriores a esa fecha; entre ellos que Carlomagno fue a Santiago de Compostela y ofreció regalos para su iglesia. Es absolutamente falso que Carlomagno fuese a Compostela. Ya hemos anotado que Carlomagno murió en el año 814 y "el descubrimiento de la tumba del Apóstol" fue posterior. La fecha de tal descubrimiento no ha quedado registrada en ningún documento. En muchos libros se cita en torno al año 813, en otros en torno al 816. Manuel Paz de Santos sitúa el descubrimiento con posterioridad al 1 de septiembre de 818. En esta fecha, el obispo de Iria Flavia era Quendulfo y no Teodomiro como nos dice La *Concordía de Antealtares*, escrita en 1077, cuando narra la leyenda del encuentro de la tumba del Apóstol [8].

Las inexactitudes históricas eran tan llamativas que este libro fue separado del resto del *Códice* en el año 1619. La decisión la tomó el canónigo archivero Alonso Rodríguez León impulsado por las duras críticas del padre Juan de Mariana [9]. Posteriormente en el año 1966 se volvió a añadir al manuscrito.

Parece ser que la verdad sobre la estancia de Carlomagno en España fue que intentó conquistar Zaragoza pero no lo consiguió y que, efectivamente, fue derrotado en Roncesvalles el 15 de agosto del 778 por vascos y navarros en una batalla que los franceses no olvidaron en siglos. Después de este año ya no volvió a España.

Este libro IV se ha vuelto a incorporar a los otros del manuscrito en el año 1966 cuando se realizó la última encuadernación del *Códice Calixtino* de la catedral compostelana. Actualmente se le conoce como el pseudo Turpín.

Si no puede ser Turpín el autor ¿quién es el autor del libro IV? Vázquez de Parga recogió los estudios que se habían realizado sobre el tema antes de 1950 [10]. Entre ellos, una tesis que presentó Gaston Paris en 1865. Este autor pensaba que los cinco primeros capítulos podían haber sido escritos en el siglo XI por un clérigo español de la iglesia compostelana. El resto de los capítulos pudieron ser añadidos en el siglo XII por otro clérigo que estaba más preocupado por resaltar la figura de Carlomagno que por la peregrinación y el Apóstol.

Otro autor, Meredit-Jones, que consultó cuarenta y nueve manuscritos del *Liber Santi Jacobi*, concluye que el texto del Pseudo Turpin es el resultado de textos sobre el tema que ya circulaban desde hacía tiempo. En su opinión el autor era un clérigo francés que incluso podía no haber estado nunca en España.

El tema de la autoría del texto y, por lo tanto, de la autoría de la identificación del Camino de Santiago con un Camino de estrellas, sigue sin resolverse a principios del siglo XXI. Aportemos una nueva hipótesis. Los investigadores siempre se refieren a clérigos como autores de la compilación pero no habría que descartar la posibilidad de que parte de la autoría fuese de una mujer. La existencia de escritoras medievales como Roswitha e Hildegarda de Bingen es una realidad.

En la carta del papa Inocencio se dice que Aimerico Picaud y Gerberga de Flandes donaron el *Códice* luego ambos tienen alguna relación con el mismo. Si Aimerico es un personaje real, es pensable que Gerberga lo es también. Ahora bien, el nombre de Aimerico aparece como autor de algunos capítulos del libro V y el de Gerberga no aparece nunca. ¿Quién era Gerberga de Flandes? Un misterio porque no sabemos nada de ella[11]. En una película, la sipnasis del Códice, se insinúa que pudo ser Hildegarda de Bingen. Es cierto que ambas vivieron en la misma época.

¿Qué parte podría haber escrito Gerberga de Flandes? Algunos investigadores creen que Aimerico pudo escribir el libro V completo y la última compilación. En ella es en la que, al parecer, le ayudó Gerberga. Siempre me pregunté por qué "el camino de estrellas del *Calixtino*" comenzaba en Frisia. Hoy creo que, si en la última compilación intervinieron Aimerico y Gerberga de Flandes, a ella se le pudo ocurrir comenzar un recorrido del camino de estrellas relativamente cerca de su lugar de nacimiento o lugar que representaba mucho en su vida. Flandes y Frisia no están tan lejos. En el colofón del *Calixtino* se dice que parte del *Calixtino* se escribió en Frisia, aunque no nos digan que parte.

¿Por qué no aparece nunca su nombre en los capítulos del texto? Una explicación podría ser que, al igual que está documentado que Hildegarda de Bingen no conocía bien el latín y fue ayudada en sus escritos por varones, Gerberga de Flandes seleccionase las leyendas pero fuese ayudada a escribirlas. Otra opción es que no se quería que el nombre de una mujer apareciese en un texto como el *Calixtino*.

¿Por qué se escribió el *Códice Calixtino*?

La finalidad del *Códice Calixtino* es evidente: servir de apoyo a la peregrinación compostelana. El encargo de su realización pudo, según algunas opiniones autorizadas, fraguarse en Compostela.

Las relaciones entre la iglesia compostelana y la romana en la época de los obispos Diego Peláez y Diego Gelmírez eran complicadas. Una prueba de ello es que el papa Gregorio VII (1073-1085) cuestionó el estatuto apostólico de la sede compostelana, la predicación de Santiago en Occidente, la presencia de su cuerpo en Compostela y la vigencia de la liturgia hispánica. Gregorio VII deseaba la plena integración de la iglesia hispánica en una cristiandad occidental bajo la jurisdicción del papa de Roma[12].

En esos momentos el número de peregrinos a Compostela era ya muy elevado, de hecho en torno al año 1075 se inició la catedral románica de Compostela. La iglesia hispánica en general, y la compostelana en particular, comprendió que debía pactar con Roma y cambiar su liturgia. En el caso del Apóstol implicaba cambiar su festividad. En Roma se celebraba el 25 de julio y en Compostela el 30 de diciembre. Compostela quería pactar con Roma pero no perder su identidad. Para ello era necesario conservar las dos festividades del Apóstol y dar un nuevo significado a la festividad del día 30 de diciembre. Ese significado podía ser la fiesta de la Traslación (que justifica la presencia del cuerpo del Apóstol en Compostela) y, para ello, era necesario tener textos escritos.

El acercamiento a Roma dio sus frutos. El papa Urbano II en 1095 reconocía la presencia del sepulcro del Apóstol en Compostela y la decisión, ya tomada en la práctica desde tiempos de Alfonso II, de trasladar la sede de Iria a Compostela. A finales de 1105 el papa Pascual II reconoce la Traslación del cuerpo del Apóstol[13].

En este contexto histórico a la iglesia compostelana le interesaba tener textos que favoreciesen la peregrinación. Actualmente se le atribuye a Diego Gelmírez el impulso para que se formalizase el Códice.

Los tres primeros libros podrían estar redactados en torno a 1110 y los otros dos en la década de 1130. Es de suponer que estos libros se fueron gestando poco a poco.

Gelmírez murió en 1140. La compilación que él conoció no era el actual *Códice Calixtino*, que es una copia posterior. Después del quinto libro se añadieron los apéndices conteniendo himnos musicales y otros escritos, entre ellos, la carta de Inocencio II.

Hipótesis sobre un misterio

El propósito del libro cuarto del *Calixtino*, del llamado pseudo Turpín, en esto todos los estudiosos están de acuerdo, era ensalzar la figura de Carlomagno. Esta mitificación había comenzado con la biografía que sobre él escribió Eginhardo alrededor del año 830 (Carlomagno murió en el año 814) y continuó con la "Gesta Karoli Magno" escrita por un monje en el mismo siglo IX.

Composición del plano de La Vía Láctea con la cruz de Santiago (Jesús Salas Parrilla)

Al finalizar el siglo X el emperador Otón III permite la apertura de su sepulcro en Aquisgrán. En el relato de este hecho ya se ve el cambio de Carlomagno como un personaje histórico a un héroe mítico de la cristiandad. Durante este lapso de tiempo y posteriormente, se falsificaron numerosos documentos que le atribuían fundación de obispados, monasterios, e iglesias, donación de reliquias, etc. Entonces siguiendo con la manipulación histórica ¿Qué mejor que, al igual que a los dioses y a los héroes, vincularle con las estrellas y convertirle en el primer peregrino a la tumba del Apóstol?

Esto fue lo que intentó hacer el autor del libro IV del *Códice Calixtino*, el llamado pseudo Turpín. Los investigadores se han preguntado sobre detalles concretos que aparecen en el sueño de Carlomagno y que han tenido una gran repercusión mediática que llega hasta nuestros días. ¿En qué pensó el autor o autora al narrar en la leyenda que el Apóstol Santiago sugirió a Carlomagno que siguiese un "camino de estrellas" para llegar hasta su tumba? Veamos diversas hipótesis extraídas de la consulta de varios textos:

a. En primer lugar hay que tener en cuenta que las estrellas están vinculadas a los viajes desde siempre porque se han empleado como guía en el anochecer. La palabra "desastre" significa "sin ayuda de los astros" en el sentido, en parte, de no ser guiado por ellos. Luego, era fácil que se le ocurriese la idea de guiarse por las estrellas.
b. El autor también pudo pensar, en concreto, en la estrella que guió a los Reyes Magos. En el Evangelio de San Mateo se narra que unos magos que venían de Oriente (no se dice sus nombres ni tampoco que eran tres) se guiaron por una estrella para encontrar a Jesús de Nazaret. El autor del libro IV se hace eco de esta idea cuándo da su definición de Astronomía en la descripción que hace de las cuatro artes del *quadrivium* cuya representación adornaba la tumba de Carlomagno en Aquisgran. Textualmente dice:

> En la obra real se representa la Astronomía, que es la observación de las estrellas, por las que se conocen los sucesos buenos y malos, tanto pasados como presentes, acaecidos en otras partes, incluso los futuros. Quién plenamente la domina prevé lo que ha de suceder cuando desea ponerse en viaje o hacer algo grande. Por ella conocieron en Roma los senadores la muerte de los hombres y las guerras llevadas a cabo en territorios extranjeros, y el establecimiento, apogeo y decadencia de reyes y reinos. Por ella, también supieron los Magos y Herodes, al aparecer la estrella, que había nacido Cristo[14].

Luego, guiarse por una estrella para encontrar algo excepcional estaba en la tradición en el siglo XII, época de escritura del *Calixtino*.

c. Hay otras estrellas, menos conocidas, que también han entrado en el mundo literario por guiar a determinados personajes. Rober Plöz, en una conferencia que impartió en la Casa de Galicia en el año 2006, apuntó que un posible antecedente del Camino de estrellas de Carlomagno se podría encontrar en la estrella que vio el rey Uther Pendragón (410 – 495) y que le motivó a luchar contra los sajones. Esta estrella tenía una cola (era por lo tanto, un cometa) y en la punta llevaba una bola de fuego, de la que salieron dos rayos, uno contra Francia y otro contra Irlanda. Esta narración se encuentra en un texto del siglo XII escrito por Geoffrey Monnouth dentro de las sagas del rey Arturo.

Plötz opina que pudieron ser uno o varios clérigos normandos conocedores de las leyendas anglosajones los que, en Compostela, fraguaron el "Camino de estrellas" recordando la leyenda anterior.

d. Otros estudiosos opinan que la inspiración procedía de la etimología de la palabra Compostela que es un enigma para lingüistas e historiadores porque no llegan a ningún consenso. Una de las hipótesis manejadas es que procedía de "Campus stellae", "Campo de la estrella" haciendo alusión a la leyenda del descubrimiento de la tumba del Apóstol por el eremita Pelayo. Éste, durante varias noches, veía caer una lluvia de estrellas sobre un lugar hasta que, al acercarse, descubrió la tumba. Pero los lingüistas no creen que las reglas de transformación del latín al castellano hayan podido dar ese giro.

Otras opciones para la etimología de Compostela es que procede de "compositum", que quiere decir cementerio, o de "compost" en alusión a un término alquímico.

e. Hay quién sugiere que la idea pudo ser introducida por algún alquimista puesto que la alquimia está muy relacionada con la astrología. Parece ser que el Camino de Santiago era el nombre en clave que daban los alquimistas medievales a la Gran Obra. Uno de los alquimistas más famosos Nicolas Flamel, que vivió aproximadamente entre 1330 y 1448, escribió el *Libro de las figuras jeroglíficas* en el cual nos cuenta que cayó en sus manos un texto muy antiguo con tapas de cobre, escrito en hebreo, atribuido a Abraham el judío.

Después de veintiún años sin conseguir descifrar el libro decidió hacer el Camino de Santiago con él, creyendo que en el Camino encontraría la solución. Durante el viaje de ida, desde París a Compostela, no consiguió ninguna respuesta pero a la vuelta, en León, encontró un rabino que le dio la clave. Algunos historiadores dudan de la veracidad de su peregrinación pero la idea del camino como camino iniciático ha calado en el inconsciente colectivo.

f. Para finalizar una última hipótesis, la de aquellos que creen que los autores del *Calixtino* pudieron realizar un sincretismo religioso porque la noción de "Camino de estrellas" como un camino ritual hacia el oeste estuviese en la cultura de algunos pueblos antiguos, entre ellos los que poblaban los valles pirenaicos. Por otra parte, desde la prehistoria habían existido rutas en Europa que llevaron a diversos pueblos a los finisterres atlánticos y estas rutas podían estar vinculadas con la Vía Láctea en el imaginario colectivo. A una de ellas, que llevaba a las costas gallegas dedicaremos el próximo capítulo.

Capítulo 4

Dos caminos relacionados con las estrellas

Los caminos de Santiago y Kumano

El martes 13 de mayo de 2014 monjes budistas y sacerdotes sintoístas realizaron una actuación en la catedral de Compostela que vibró con unos sonidos desconocidos hasta ese momento en el templo milenario. Una delegación japonesa formada por setenta personas, de las cuales treinta eran monjes y sacerdotes, se encontraba en Compostela para firmar un acuerdo de cooperación en materia cultural y turística con el alcalde de la ciudad, Ángel Currás. Era un nuevo paso para el acercamiento entre dos zonas en lugares opuestos del planeta: Galicia en España y la prefectura de Wakayama en Japón. ¿Qué tienen en común estas regiones? Desde la antigüedad transcurrieron por ellas sendas peregrinaciones y eso les ha llevado a hermanarse en el año 1998. Solamente dos caminos de peregrinación han sido declarados patrimonio de la Humanidad: el Camino de Santiago en el año 1985 y el Camino Kumano en el año 2004.

Dos caminos, en dos partes opuestas del mundo, en donde nace el sol y en donde muere, que guardan algunas similitudes en su génesis y desarrollo a lo largo de los siglos. Una de ellas es que, en ambos, hay leyendas referidas a las estrellas. En el Camino Kumano un punto clave es Tanabe. En el capítulo primero se ha comentado que en la fiesta celebrada allí se vinculaba a dos estrellas, Vega y Altair, con dos enamorados, la diosa tejedora y su pastor.

El Camino de Santiago es en singular "un camino de estrellas" pero pocos saben que Finisterre fue para algunos "La estrella Oscura". Un noble bohemio llamado Leo von Rozmithal viajo por tierras hispanas y portuguesas, con un séquito muy numeroso, llegando a Compostela en 1446. Dos de sus acompañantes escribieron relatos del viaje, uno en latín y otro en alemán. En éste último aparece una frase que traducida al castellano dice: "De Santiago a estrella oscura hay 14 millas". Esa estrella oscura era, ni más ni menos, que Finisterre.

Finisterre la estrella oscura (Foto de Jesús Salas Parrilla)

El dominico alemán Felix Faber en el año 1480 observo en esta frase el error de haber confundido el latín finis terrae con el alemán finster stern y vinstern stern (estrella oscura). Cuatro años después el polaco Nickolaus von Popplau se refería a Fisterra como "tinieblas". Al finalizar el siglo XV realizó la peregrinación el alemán Arnold von Haff quién también dejó escrito en su diario: "A catorce millas de Santiago existe una estrella que llaman Lúgubre" [1]. Luego, entre los alemanes estaba extendida la idea de vincular a Finisterre, el final del Camino de las estrellas, con una estrella oscura. Aunque esta identificación proceda de un error nos sugiere afrontar los oscuros orígenes de la peregrinación jacobea.

La peregrinación a la tumba del apóstol Santiago comenzó en el siglo IX pero hay estudiosos que creen que, con ella, se cristianizaron unos caminos milenarios. Muchos investigadores admiten que pueblos de origen indoeuropeo se trasladaron desde el este al oeste, a los finisterres atlánticos, francés y gallego, a las estrellas oscuras, en sucesivas oleadas migratorias, buscando el lugar donde se ponía el sol, el Paraíso en Occidente. A continuación buscaremos las raíces precristianas de esta peregrinación.

El Camino de Santiago pasa por Atapuerca

Es curioso observar que en el capítulo III de la guía del *Códice Calixtino* dedicado a los pueblos por los que pasa el Camino se nombra a Atapuerca. Reproducimos parte de este capítulo:

> Primero, al mismo píe del puerto, en la parte de Gascuña, está la villa de Saint-Michelle; después, pasada la cumbre del mismo monte, se encuentra el Hospital de Roldán; luego la villa de Roncesvalles; después se halla la villa de Viscarret; después Larrasoaña; luego Pamplona; más tarde Puente la Reina; después Estella que es fértil en buen pan, óptimo vino, carne y pescado, y llena de toda suerte de felicidades. Después está Los Arcos; luego Logroño; después Villarroya, la ciudad de Nájera, Santo Domingo, Redecilla, Belorado, Villafranca, Montes de Oca, Atapuerca y la ciudad de Burgos[2].

¡Qué lejos estaba el autor de este capítulo del Códice cuando lo escribió en el siglo XII de imaginar que los peregrinos pasaban por un entorno que había sido habitado desde hacía cientos de miles de años! Pero tampoco, a mediados del siglo XX, los profesores que hicieron la traducción al castellano del *Códice Calixtino,* lo imaginaban. En las notas a píe de página se lee al referirse a Atapuerca "pueblo a 18 km. al este de Burgos famoso por la batalla en que Fernando I de Castilla venció a su hermano García de Navarra, que además perdió en ella la vida" [3]. Esta batalla fue en el año 1045. En el momento de escribir los autores estas líneas ya se sabía que en Atapuerca había cuevas con fósiles pero hasta años después no se realizaron las investigaciones arqueológicas que han hecho a este lugar conocido mundialmente, al ser declarado Patrimonio de la Humanidad.

El Camino de Santiago Francés pasa a muy poca distancia de las cuevas. En la actualidad se ha propuesto una desviación para que los peregrinos interesados se acerquen a los yacimientos. En esta sierra se han encontrado los restos humanos más antiguos de Europa. Dos de los yacimientos más investigados son *la Gran Dolina* **y** *La Sima de los Huesos.* Los restos encontrados en la *Gran Dolina* tienen una antigüedad estimada en torno a los 800.000 años. Los científicos han concluido que no pertenecen a nuestra especie y los han bautizado como *Homo antecesor.*

En la *Sima de los Huesos* se han encontrado fósiles de unos treinta esqueletos humanos que vivieron hace unos 400.000 años. A este tipo de homo se le ha bautizado como Homo Heildebergensis, puesto que se ha asociado con el hombre del que se encontró una mandíbula en Mauer, cerca de Heilderberg.

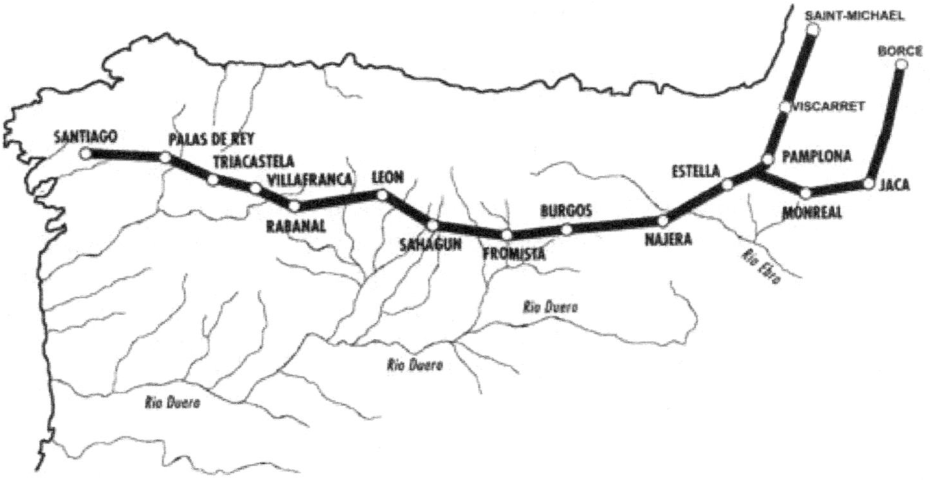

Etapas del Camino de Santiago Francés

¿Cómo llegaron allí estos hombres del Paleolítico Inferior? ¿Qué pensaban ellos del sol, la luna, las estrellas y la Vía Láctea? Imposible dar respuesta a estas preguntas. Tampoco se sabe si están en este lugar porque les sobrevino una desgracia allí o tenían la costumbre de enterrar ya a los muertos. Tampoco sabemos si pretendían seguir su viaje hacia el oeste.

¿Hay alguien capaz de asegurar, que algunos hombres cuyos huesos se han encontrado en los yacimientos, no llegaron caminando a los finisterres atlánticos y volvieron a tierras burgalesas? Aunque el terreno fuese muy diferente hay pocas etapas desde Atapuerca a Finisterre. Según el *Códice Calixtino* hay trece etapas desde Saint Michael hasta Compostela. Atapuerca está en la quinta etapa que **termina en Burgos.**

Algunas de las etapas del *Calixtino* son excesivamente largas para los peregrinos actuales. No obstante, en el año 2013, cuatro peregrinos de la Asociación del Camino de Santiago de Madrid hicieron el Camino en esas trece etapas. Luego, desde Atapuerca hombres del Paleolítico, en menos de diez días, podían llegar al Finisterre. Sería curioso que futuras excavaciones arqueológicas descubriesen en España restos de seres humanos en torno al paralelo 42°, que es por el que actualmente discurre la ruta.

Pero Atapuerca no es solamente *La Sima de los Huesos*, hay otros muchos estratos que nos informan que el lugar ha estado poblado por muchas generaciones, entre ellas los romanos ya que se ha encontrado un dado y monedas del siglo IV d. C.

Galicia, las serpientes y la Vía Láctea

La primera noticia histórica de Galicia proviene de un texto del siglo VI a. C. en el que se narra un viaje llevado a cabo por un tal Eutimines. Este texto se ha perdido pero a él se refirieron autores posteriores, entre ellos, Eforo, geógrafo del siglo IV a. C. Posteriormente Rufo Avesto Avieno, un procónsul de África que vivió en el siglo IV d. C., basándose en Eforo, escribió una *Oda Marítima* en la que cuenta el viaje de Eutímines cuando describe las costas atlánticas.

Los oestryminios fueron los primeros pobladores gallegos cuyo nombre nos ha quedado escrito por el tal Eutimines. Según este autor, los oestryminios eran fuertes, hábiles comerciantes y sabían navegar por el mar salado. Con ese nombre, al parecer, identifica a un pueblo que habitó no solamente Galicia sino también la Bretaña Francesa, el golfo de Gascuña y las islas Británicas. La pregunta que se hacen los investigadores es: ¿Quiénes eran y cómo llegaron allí? Una sugerencia es que fueran fenicios que llegaron navegando a las costas atlánticas guiados por la estrella Polar. El motivo que les impulsaría a este viaje sería la legendaria riqueza en metales que poseía Galicia.

Hay quien sugiere que, entre esos fenicios, podría haber judíos. La presencia de judíos en Galicia es muy antigua. Existe una leyenda que dice que Noya fue fundada por Noe que le puso ese nombre por su mujer Noela, madre de su hijo Jafet. Esa leyenda figura en el escudo de la localidad.

Según lo que nos cuenta el propio Avieno los oestryminios fueron expulsados por una oleada de serpientes. Estas serpientes debían **ser** los saefes, al parecer el primer pueblo céltico que llegó a Galicia en torno al siglo VI a. C., procedente de Centroeuropa. Estos celtas fueron los que trajeron la cultura del hierro. En la actualidad se considera que los castros son anteriores a los celtas, aunque estos los mejorasen.

Es curioso, como nos dice Vicente Risco en su *Historia de Galicia*, que a la banda occidental de la Península Ibérica se la llamase en la antigüedad Ophiusa

> Ophiusa es tan ancha como la isla de Pélope en la tierra de los griegos: se la llamó primero Oestryminio, porque su tierra y sus campos las habitaron los oestryminios; después de que muchas serpientes ahuyentaron a sus habitantes, de ellas tomó su nombre la tierra vacia[4] .

Para los saefes la serpiente era un animal totémico, de ahí que los romanos les diesen ese nombre.

Hay petroglifos gallegos en los que está grabada una serpiente, entre ellos la Pedra das Serpes en el municipio de Laxe. No se sabe con seguridad en que siglo se realizó esta inscultura. En las leyendas de la zona se habla de que miles de serpientes salieron de una cueva próxima y mordieron a los habitantes. Hay serpientes, muy pocas, que se representan con alas; unas se representan enroscadas y otras no.

Uno de los símbolos más antiguos en diversas culturas es el ourobos, que representa un animal serpentiforme, podría ser también un dragón, enroscado para intentar alcanzar con la cabeza su propia cola, creando de esta manera un círculo sin fin. Representa la naturaleza cíclica de las cosas, que el ciclo vuelve a comenzar hagamos lo que hagamos. En el Antiguo Egipto se ha encontrado una representación de este tipo, representación que, sin duda, pasó a otras culturas y cuya simbología pervive en el siglo XX a través de novelas y series de televisión.

¿Interpretaron alguna vez los primitivos gallegos la Vía Láctea como una serpiente? No nos ha quedado ningún testimonio escrito sobre ello pero sobre la Pedra das Serpes se levantó una cruz cristiana lo que nos sugiere que la nueva religión hizo olvidar los cultos anteriores. Lo que sí se sabe es que varios pueblos, entre ellos algunos mesoamericanos anteriores a la conquista española, han interpretado la Vía Láctea como una gigantesca serpiente.

Los aztecas, la última gran civilización mesoamericana previa a la Conquista, identificaban a la Vía Láctea con un dios *Mixcóatl* que significa "nube en forma de serpiente".

Marco Arturo Moreno Corral en su obra *La morada cósmica del hombre* nos cuenta que los náhuti, que habitan en la Sierra norte de Puebla en Méjico, conservan la siguiente preciosa leyenda: en el principio solamente existía en el cielo nocturno la luna y una preciosa serpiente de cristal a la que llamaban Mixcoati Ohtli. La luna era muy caprichosa como ahora, unas veces alumbraba bien pero otras veces no alumbraba nada. La serpiente decidió alumbrar siempre y eso le llevó a recorrer constantemente el camino que se ve en el cielo y que entonces quedó marcado en la banda luminosa que vemos. La luna tenía envidia de la serpiente porque los hombres la querían mucho y le tiró una piedra que la serpiente no pudo esquivar. La serpiente se rompió en muchísimos pedazos y esos pedazos son las estrellas. La cabeza de la serpiente cayó por donde sale el sol y es el lucero de la mañana. Su corazón cayó en el poniente y es el lucero de la tarde.

Pedra das Serpes

Las mitologías mesoamericanas no se han podido estudiar hasta ahora con tanta precisión como las occidentales, por la destrucción de documentos llevada a cabo durante la conquista y porque los códices conservados no se han descifrado totalmente.

No obstante, sabemos que los indios quichés que habitaban en Guatemala también identificaban a la Vía Láctea como una serpiente blanca, hay quien dice que un cocodrilo. La mitología maya-quiché se conoce a través de un códice, el *Popol Vuh*, que es una mezcla de mitología, historias y costumbres.

La imagen de una serpiente de dos cabezas enroscada en un árbol aparece también en ilustraciones mesoamericanas. La serpiente de dos cabezas se identifica a veces con la eclíptica y el árbol con la Vía Láctea. Otros autores sugieren que la serpiente era una especie de ombligo cósmico a través del que los seres sobrenaturales viajaban. En una lápida del palacio de la ciudad de Palenque se ve al dios del maíz saliendo de la boca de una serpiente[5].

Huellas celtas en los caminos jacobeos

Los peregrinos actuales pueden ver en las tiendas diversos souvenirs que recuerdan el pasado celta de algunos territorios hispanos; también, quizás hayan escuchado durante su camino, los dichos "Tocar madera" o "Tirar los tejos", que se remontan, al menos, al mundo celta. Al decir "tocar madera" estamos dando a la madera una dimensión sagrada, protectora ante cualquier imprevisto. "Eres como un roble" es otra de las expresiones que se conservan para referirse a la fortaleza, muchas veces interior, de una persona. En cuánto a "tirar los tejos" es una costumbre celta del norte peninsular que consistía en colocar un ramo de hojas y ramas de tejo en la ventana o puerta de la amada el 21 de junio, día del solsticio de verano. Si la respuesta de la amada era afirmativa devolvía al joven semillas de tejo.

Los druidas, los sacerdotes celtas, transmitían la cultura de forma oral. No querían que quedasen documentos escritos; por eso conocemos muy pocas cosas de estas tribus, que podían tener entre ellas ideologías muy diversas. Las pocas noticias que se tienen escritas se refieren a los celtas de la Galia o de Irlanda.

Los celtas rendían culto al sol, la luna y la naturaleza. Los bosques, los árboles, los manantiales de agua, algunos montes y piedras, eran sagrados para ellos. Dos de las piedras sagradas más importantes de Galicia están en Muxia: la piedra Abalar a la que se le atribuía capacidad procreadora, y la piedra de los Cadrises; se suponía que quien pasaba a gatas bajo un recoveco que tiene la piedra de los Cadrises mejoraba de cualquier dolencia de espaldas que pudiese tener. El origen del culto a estas piedras debe remontarse mucho más atrás.

Uno de los dioses más importantes del panteón celta es Lug o Lugh. Este guerrero acertaba siempre con su espada pero no solamente era guerrero, también era artesano, dominaba todas las artes. A principios de agosto se celebraba un fiesta en honor de Lug, fiesta que algunos piensan que se cristianizó sustituyendo a Lug por San Lorenzo. En la actualidad, en algunos puntos de Galicia vuelve a celebrarse el Lugnasad, realizándose bodas celtas en esta fiesta.

Los celtas creían en la existencia de las almas humanas. Hay autores que sugieren que, la Vía Láctea, era el camino que recorrían las almas al morir para ir a la isla de la eterna juventud en dónde siempre había comida y una naturaleza exuberante.

Pero ¿de dónde venían los celtas que se establecieron en Galicia? El doctor D. Ramón Sainero sostiene la tesis, tras la lectura del manuscrito irlandés del siglo XI conocido como *Libro de las invasiones*, que pudieron ser griego-escitas los que, en un viaje a través del Mediterráneo, se establecieron en la Península Ibérica, y en concreto en Galicia, y desde ella navegaron a Irlanda y Gran Bretaña. Según esta tesis, Breogan fue un rey celta que construyó una torre tan alta en Brigantia que desde ella se podían ver las tierras de Irlanda, tierras que fueron conquistadas por los gallegos[6]. En la actualidad, cerca de la Torre de Hércules de la Coruña, erigida por los romanos, se ha construido una escultura en honor de Breogan.

Monumento a Breogan en La Coruña

La torre de Hércules trae a nuestra memoria las columnas de Hércules. ¿Dónde estaban estas columnas? No lo sabemos pero debían establecer el paso a otro mundo y otra cultura. Por otra parte hay que recordar que las columnas de Hércules se llamaron antiguamente columnas de Briareo[7]. En la mitología griega éste era un hecatónquiro, un gigante de cien brazos y cincuenta cabezas, hijo de Urano y Gea, del que se hace eco Dante en la *Divina Comedia* y Cervantes en el *Quijote*. Briareo fue enviado al Tártaro, el lugar donde en la mitología griega se castiga a los pecadores, recinto que fue cambiando según las distintas ideologías dominantes y que paso a ser el infierno cristiano.

Los antiguos griegos que surcaron el Mediterráneo y se adentraron en las costas atlánticas fueron, como los romanos, modificando sus mitos con el paso de los siglos.

Briareo, que puso ser un dios indígena, fue asimilado por los griegos. El Hércules romano, que sustituyo al Heracles griego, sustituyo a Briareo en Galicia, del mismo modo que éste lo hizo con Breogan, considerado en la mitología gallega actual el padre mítico de Galicia.

Muchos siglos después en la Edad Media Europea algunos irlandeses se dirigieron a las costas gallegas para honrar al apóstol Santiago, del mismo modo que sus antepasados posiblemente navegaron para honrar a Breogan. Pero esta peregrinación antigua por mar no está en fuentes escritas. Sin embargo, si lo está la peregrinación heraclea.

La peregrinación heraclea

Existe un texto conocido como Mirabilibus auscultationibus que los investigadores opinan que se escribió en torno al siglo III a. C. En un principio parece que se atribuyó a Aristóteles pero ahora pertenece a los textos agrupados como seudo aristotélicos. En este texto se asegura la existencia de una peregrinación realizada por griegos y otros pueblos, desde Italia hasta la península Ibérica siguiendo la ruta que el mítico Heracles había realizado en su décimo trabajo.

Según la mitología griega, Heracles en un ataque de locura provocado por Hera, había matado a su mujer, sus hijos y dos sobrinos. Al recobrar la razón y arrepentirse se dirige al oráculo de Delfos. Éste le indica que durante años debe estar al servicio del rey Euristeo, quien tenía envidia de sus capacidades y su valor. El rey le obliga a realizar doce trabajos. En cada trabajo pensaba que Heracles iba a morir pero el héroe salía triunfante siempre.

En el décimo trabajo Heracles tiene que arrebatar su ganado a Gerión que se nos describe como una especie de monstruo con tres cabezas y tres cuerpos. Para ello tiene que realizar un largo periplo de ida, al parecer por el norte de África, para el que emplea la copa del sol Helios. Heracles logra arrebatar el ganado y volver con él hasta Micenas. Es importante señalar que en la mitología Armenia en el siglo VII de nuestra era se asociaba la Vía Láctea con el camino de Hércules a Iberia.

Los que realizaban la peregrinación heráclea en aquellos siglos, tenían preparada una infraestructura en sus caminos con ayuda hospitalaria, de alguna manera similar a la infraestructura creada para el camino de Santiago. En opinión de algunos estudiosos este camino de Hércules suplantó a un camino anterior de Briareo que pudo ser un camino de peregrinación hasta las costas atlánticas, hasta Finisterre. Esta peregrinación, que está documentada, se fue perdiendo poco a poco de la memoria colectiva. ¿Continuaría tras la conquista romana de Hispania? Hay un dato curioso que vamos a exponer.

El emperador Octavio Augusto ordenó que en los nuevos territorios hispanos conquistados se colocasen lares, templos en honor de dioses menores para ayudar a los caminantes. Estos templos se colocaban en las encrucijadas de los caminos y, en ocasiones, servían para que los viajeros se pudiesen resguardar de las inclemencias del tiempo.

Parece ser que estos dioses romanos sustituían en las encrucijadas de los caminos a otros dioses indígenas que poco a poco fueron cayendo en el olvido. Lo curioso es el éxito que estos lares tuvieron en el norte peninsular, en Asturias y en Galicia, a diferencia de lo que sucede en otras zonas del Imperio Romano. En el año 1983 se descubrió una piedra en Tineo en Asturias en la que consta una inscripción latina que traducida al castellano dice: "Consagrado a los lares Viales. Sempronio Cassio lo dedicó de acuerdo con su promesa"[8].

Se han encontrado en torno a diecisiete epígrafes dedicados a estos lares. ¿Se debería este hecho a la continua llegada, aunque fuese en número pequeño, de caminantes a las costas occidentales? Lo que se sabe es que ese culto a los dioses de los caminos debió de seguir durante mucho tiempo porque san Martín Dumio en el siglo VI se refiere a que es un culto pagano que hay que desterrar.

Los peregrinos actuales cuando nos encontramos la flecha amarilla pintada en las encrucijadas nos acordamos con cariño de Elías Valiña, el autor de esta idea que nos protege, en la actualidad, en los caminos jacobeos.

La cristianización de la ruta hacia Finisterre

No se sabe con certeza cuando comenzó la cristianización en las diferentes zonas de la península Ibérica. En Galicia comenzaría con el Apóstol Santiago si admitimos que verdaderamente llegó a estas tierras. Ramón Onega sugiere la hipótesis de que en las costas gallegas existiría una colonia de judíos que, junto a los fenicios, habían llegado con la intención de comerciar. La riqueza en minerales de estas tierras era conocida en Oriente. El apóstol Santiago era judío y puede ser que quisiese extender el cristianismo primero entre los judíos[9].

La Gallaecia romana era más extensa que la Galicia actual. Las legiones romanas emplazadas en Lugo y León pudieron tener algo que ver en esa primera cristianización. En torno al año 255 en la Legio VII romana debía haber ya un cierto número de cristianos. También entre los legionarios romanos estuvo extendido el culto a Mitra. Mitra era un dios persa que había sido asimilado por algunos romanos. El mitraismo y el cristianismo eran dos religiones, en cierto modo, rivales. Lo cierto es, que en el siglo IV la penetración en Galicia del cristianismo era ya notable. También es importante señalar que en este siglo entre las clases adineradas de Galicia, parece que era frecuente viajar a Oriente, en concreto a Palestina; de esos viajes nos ha quedado el relato de Prisciliano y el de Egeria.

El lugar de nacimiento de Prisciliano se desconoce aunque se piensa que pudo ser en la Gallaecia romana. Su familia era de clase acomodada, lo que le permitió tener una esmerada educación, destacando por su elocuencia. Viajó a Oriente y adquirió conocimientos de astrología; por ejemplo, se sabe que hablaba de la relación de las diversas partes del cuerpo con los signos del zodiaco.

Ante la corrupción que imperaba entre muchos miembros de la iglesia cristiana comenzó a predicar su modelo de vida, el ascetismo, diferenciándose en algunas cuestiones de los cristianos. Tuvo un gran éxito en todas las clases sociales y entre gran parte del clero y las mujeres, a las que colocaba en una situación similar a la de los hombres.

El priscilianismo se extendió con rapidez por Gallaecia y otras zonas de la Península y la Galia. Ello preocupó a la iglesia ortodoxa porque en ese siglo eran muchos los movimientos disidentes. En el año 385 Prisciliano fue decapitado en Treveris (Alemania) tras ser torturado. Con él murieron también sus discípulos más fieles. Tras ser ejecutado se intentó que desapareciese todo rastro de su movimiento pero no se consiguió al menos durante dos siglos.

Parece ser que los discípulos de Prisciliano llevaron su cuerpo a Galicia. Algunos estudiosos han insinuado, entre ellos Sánchez Dragó, que los cuerpos que están enterrados bajo la catedral son los de Prisciliano y sus discípulos muertos. Sin embargo, esta teoría parece que no se sostiene puesto que los cuerpos enterrados tiene una antigüedad mayor. También hay quien ha sugerido la existencia de una peregrinación por la Península Ibérica hacia Galicia, hacia la tumba de Prisciliano.

Al comenzar en el siglo IX la peregrinación jacobea se fueron poco a poco cristianizando muchos lugares, entre ellos el Pico Sacro, cerca de Compostela. Sobre él circulan aún hoy día muchas leyendas. En sus cuevas se dice que habitaban los mouros y las serpientes. Estos mouros eran unos seres fantásticos que habitaban en Galicia conviviendo con sus primitivos moradores. Los gallegos adoraban esta montaña antes y después del cristianismo.

La iglesia cristiana fue poco a poco evangelizando también el tramo costero de la provincia de la Coruña. En el siglo XII se comenzó cerca de Finisterre la construcción de la iglesia de Santa María de Areas en la que posteriormente se ubicó el Santo Cristo de Fisterra en el siglo XIV, un Cristo con cierto parecido al Cristo de Burgos.

En el monte Facho de Fisterra, se encontraba la ermita de San Guillermo construida en un enclave considerado sagrado por una cultura anterior. Al lado de la ermita existía una cama de piedra a la que iban a yacer los matrimonios estériles en busca de fertilidad.

Cerca de Finisterre se encuentra Muxía. También éste es un lugar sagrado en el que se practicaban ritos de fertilidad y en él que la Iglesia construyó un santuario mariano cuyo enclave no puede olvidarse si se ha visto.

Santuario de la Virgen de la Barca en Muxía
Foto de Jesús Salas Parrilla

Próximo a Muxía está el monasterio benedictino de Moraime construido en el siglo XI al lado de dos castros celtas, una necrópolis romana y un asentamiento visigodo. La comarca fue invadida por normandos y por árabes y el monasterio sufrió numerosos daños. Sus puertas, muy deterioradas, han sido estudiadas por Rafael Lema. En una de ellas, la puerta sur están representados los signos del zodiaco.

Por último, señalar una vez más que las primitivas rutas hacia occidente en busca del lugar dónde se ponía el sol, terminarían en distintos puntos de la costa gallega, siendo uno de ellos San Andrés de Teixido, al que posteriormente nos referiremos.

El Camino Kumano

En Japón, el país del sol naciente, hay más de seis mil islas siendo Honshu, de unos 1.300 km de longitud la mayor. En la parte sur de esta isla está la península Kii y en el sureste de ella los montes Kumano en los que se encuentran tres de los santuarios más venerados de Japón: el Hongu Taisha, el Hayatama Taisha y el Nachi Taisha. Estos tres santuarios pueden ser visitados por el peregrino que realice el Kumano Sauzan, que fue declarado por la Unesco Patrimonio de la Humanidad en el año 2004.

En el plano están señaladas las rutas que, en la actualidad convergen al santuario Kumano Hongu Taisha, rutas que se han incorporado a lo largo del tiempo. Hay que señalar que la ubicación del santuario en la antigüedad no era la actual pero que existió una fuerte inundación en el siglo XIX que obligó a recolocar el santuario.

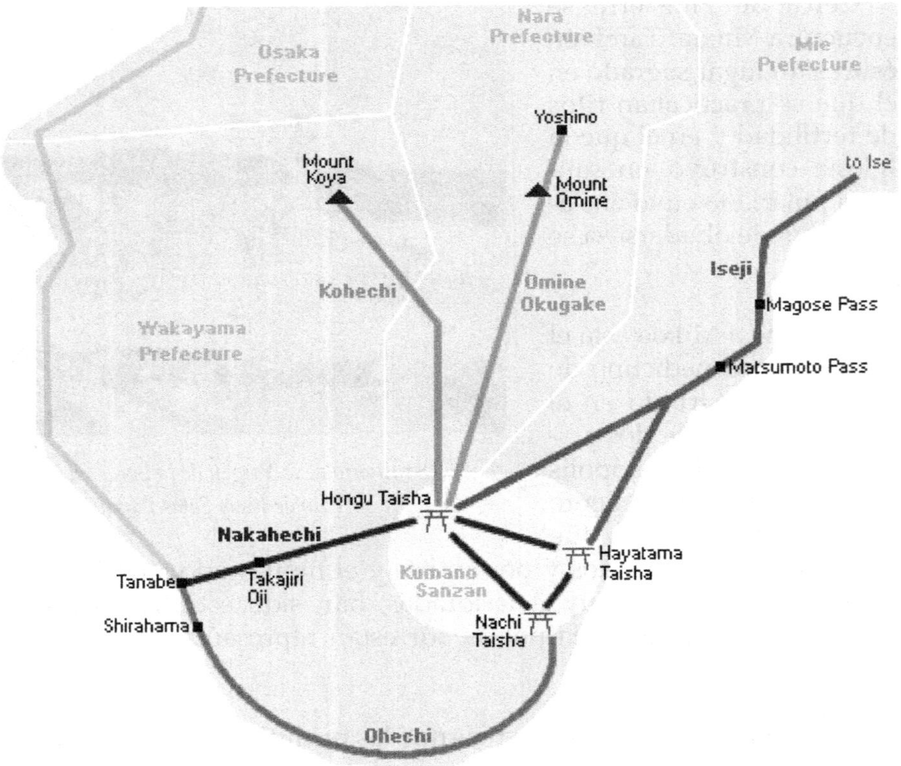

Rutas a los santuarios de Kumano
Imagen: http://www.japan-guide.com/e/e4952.html

De alguna manera nos recuerdan todos los caminos que concurren en Santiago de Compostela: El Camino Francés, el Primitivo, el Camino del Norte, el Portugués, el Inglés y la Vía de la Plata. También el camino costero nos puede recordar al camino de la costa entre Finisterre y Muxia.

Al igual que para entender el Camino de Santiago hay que profundizar en la historia de España, para comprender el camino Kumano y su evolución, hay que conocer la historia de Japón que comienza en el siglo VIII porque la escritura no se introduce, desde China, hasta este momento. A grandes rasgos se pueden distinguir los siguientes periodos:

Prehistoria (35.000 a.C-710). Los restos arqueológicos encontrados, entre ellos cantos tallados, parecen sugerir que el archipiélago estuvo poblado desde esa época aunque estas dataciones son siempre revisables. Los restos de alfarería más antiguos se han datado hacia el año 11.000 a. C. e inducen a pensar que en ese momento ya se practicaba una agricultura incipiente.

Los primitivos japoneses tenían una religión que ha recibido el nombre de sintoísmo. Esta religión adoraba a: los elementos de la naturaleza, los bosques con árboles centenarios, las elevadísimas montañas y las rocas, los rápidos ríos, los manantiales y lagos termales y a los innumerables espíritus que ellos llaman Kami. Según la mitología japonesa los dos Kamis más importantes eran Izaugi e Izanami. De ellos nacieron los tres Kamis mayores, siendo uno de ellos Amaterasu la diosa del sol, a la que también acompaña un mito que la sitúa como antepasada de la familia imperial japonesa.

No sabemos desde cuándo los antiguos japoneses peregrinaban a Kumano, que quiere decir "confín" puesto que ellos lo veían como el confín del mundo, algo similar a Finisterre para los occidentales. No obstante, en los primeros textos de la literatura japonesa se expresaba que los espíritus de los muertos ascendían por las montañas de Kumano y es que estas montañas fueron consideradas sagradas desde tiempo inmemorial.

En el plano vemos delante de los tres santuarios más notables de la ruta Kumano el símbolo *torii* que se emplea en Japón para delimitar la entrada a un santuario sintoista.

Los chinos llevaron a Japón la religión budista en el siglo VI hacia el año 552. Existieron durante un cierto tiempo tensiones entre ambas religiones acompañadas de sus respectivas tensiones políticas, hasta que la emperatriz Suiko (593-610) impuso el budismo. Posiblemente los emperadores japoneses pensaron que era más sencillo gobernar con un solo dios, Buda, que con los innumerables dioses locales del sintoísmo. Entre ambas religiones, sintoísta y budista, se dio un cierto sincretismo

Templos budistas fueron incorporándose a las rutas sagradas de las montañas de Kumano en las que anteriormente solamente existían templos sintoístas.

Época antigua (710-1185) que, a su vez se divide en dos periodos, el Nara y el Heian. El periodo que se conoce en la historia de Japón como periodo Nara (710-794), desde que se instala la capital en Nara hasta que se traslada a Kyoto, es un periodo con fuerte influencia china y un periodo lleno de prosperidad en el que comienza la escritura en Japón.

El periodo Heian (794-1185) abarca hasta que los emperadores pierden el poder en manos de los militares. En el siglo IX hubo plagas y diversas hambrunas. En el siglo X, en el año 907, el emperador Uda comenzó la costumbre de ir con una comitiva a peregrinar a Kumano. El circuito clásico comenzaba en un templo de Kyoto, desde allí iban a Osaka y posteriormente se trasladaban hasta Tanabe, la localidad en la que ya desde antiguo se celebraba la fiesta de Tanabata, la fiesta de las estrellas. Allí existían dos posibilidades. Una de ellas era girar hacia el este para dirigirse a los templos sagrados por el camino Nakahechi que es de todos los caminos de peregrinación en la península Kii el de mayor solera. Sería comparable al Camino Francés de Santiago, aunque la longitud en km de ambos caminos no se pueda asemejar.

Para ir desde el santuario de Hongu al de Hayatama los peregrinos tomaban barcas de madera que les transportaban por el río de Kumano, río que también era considerado sagrado y ha sido incluido dentro del Patrimonio de la Humanidad. Los peregrinos actuales también pueden coger barcas para navegar por ese río. La otra posibilidad era continuar un camino costero, el camino Ohechi. A la salida de Tanabe por este camino se encuentra un santuario que también tiene importancia para el pueblo nipón.

Durante estos siglos IX-XII se construyeron la mayoría de los templos que hoy todavía se pueden visitar. También se crearon alojamientos para que los peregrinos pudiesen dormir. En el camino se fueron estableciendo lugares de acogida para descansar. La caridad y la hospitalidad se han practicado desde antiguo en el camino Kumano. Por sus sendas pasaron peregrinos enfermos y con defectos físicos importantes, entre ellos la ceguera. También contó la tradición oral que entre los primeros peregrinos a Compostela existía un ciego.

Recordemos que también fueron los reyes y nobles cristianos los primeros que con sus comitivas se dirigieron a Compostela y los que fueron dando las órdenes para la construcción de los Caminos a Compostela. El siglo XII fue un siglo de auge en el camino jacobeo y también lo fue en el camino Kumano. En éste se cuenta que las comitivas imperiales a veces llegaban a trescientas personas.

Época medieval (1185-1573) A finales del siglo XII los emperadores nipones perdieron el control del poder en manos de los militares bajo la figura del shogun, el comandante del ejército, una especie de generalísimo. Durante muchas centurias, en concreto hasta 1868, el poder fáctico residía en esta figura y el emperador tenía a la fuerza que delegar en este militar todos los poderes. Se sucedieron por lo tanto, diversos shogunatos, así es como se llama el gobierno del shogu, en manos de distintos clanes rivales.

Al perder el control del poder los emperadores suspendieron la costumbre de peregrinar. Pero esta costumbre siguió entre otras clases sociales, entre ellas los militares, los samuráis. Más tarde, cuando las circunstancias sociales y económicas fueron favorables, transitaba por el Camino el pueblo llano pero el siglo XVI fue un siglo de abandono, deteriorándose los edificios y los caminos.

Cascada Santuario de Nachi.
Foto de Pilar de Luís Domínguez

El Camino de Santiago también al principio fue un camino de nobles. En el siglo XII se incorporaron algunas órdenes militares para defender a los peregrinos y el pueblo llano. El siglo XVI fue también un siglo de decadencia para el Camino Francés

Época premoderna (1573-1868). En el siglo XVII, en 1603 se proclamó el *shogunato* de Tocugawa que acabó con las guerras civiles. Se trasladó la capital a Edo, una pequeña aldea que con el tiempo se convertiría en la actual Tokyo. La influencia de occidente había comenzado a penetrar en Japón a través de misioneros y comerciantes. Temerosos de que esta influencia propiciase un posterior dominio, los responsables políticos decidieron aislar a Japón tanto de Asia como de Europa. Este aislamiento llevó a una búsqueda de las raíces del pueblo nipón y entre esas raíces estaban las rutas de peregrinación a Kumano, que se potenciaron.

En los más de doscientos cincuenta años que duró esta forma de gobierno hubo una cierta tranquilidad con el consiguiente progreso de artesanos y comerciantes, que también se animaron a visitar los lugares sagrados. Hubo un aumento en el número de peregrinos por la estabilidad política y el cuidado de las rutas. Se creo un nuevo camino por la costa este, el camino Oseji, un camino con pasos montañosos que bordeaba el mar.

Época moderna (1868-hasta la actualidad). En pleno siglo XIX, en 1868 se acaba el *shogunato* en Japón restaurándose el poder imperial en la persona de Meijii, quién se propuso una serie de reformas radicales en el país, entre ellas la apertura de Japón hacia el mundo, entre otras cuestiones para conseguir ayuda financiera. Japón comenzó a ser un país industrializado y moderno.

Un cambio importante para la ruta Kumano fue la separación entre religiones que decretó el gobierno imperial separando el sintoísmo del budismo, y no permitiendo la religión sincrética que durante tantos años había permanecido en Japón. Consecuencia de ello es que muchos templos fueron destruidos y se perdieron numerosos objetos de culto, por ejemplo muchas imágenes de Buda, en templos sintoístas como el de Kumano Hongu.

Tras la segunda guerra mundial se transformó el paisaje de muchas zonas mediante infraestructuras de carreteras y ferrocarriles. La peregrinación se abandonó prácticamente y los caminos se cubrieron de maleza pero en la década de 1990 de nuevo los japoneses sintieron la necesidad de retomar sus raíces y caminar a sus ancestrales santuarios.

En los caminos actuales los peregrinos se van a encontrar unos santuarios menores, los Oji, que están dedicados a dioses menores de Kumano y que deben ayudar, proteger y guiar al peregrino. En el camino imperial son numerosos los Oji, tanto en el trayecto desde Osaka a Tanabe como en el camino Nakahechi, uno de ellos señala precisamente la entrada al recinto sagrado. Cada Oji tiene su historia a veces narrada en los diarios de los peregrinos. Del mismo modo que se han escrito muchos diarios en el Camino de Santiago también se han escrito en el Kumano desde la Edad Media, por ejemplo, en 1109 el aristócrata Fujiwara Muneta escribió un diario.

Intentando encontrar una similitud con la peregrinación precristiana a las costas gallegas estos Oji nos pueden recordar, de alguna manera, a los lares viales que los romanos colocaban en algunos de sus caminos.

Los rituales de los peregrinos

Toda peregrinación tiene sus rituales. Uno de los que se ha mantenido a lo largo de los siglos en la jacobea es el llevar sobre la vestimenta del peregrino la concha o venera. El *Códice Calixtino* nos dice que los peregrinos compraban estas conchas en Compostela como recuerdo de su viaje. Quizás la costumbre venía de muy atrás, de las conchas como recuerdo de las playas finisterranas; en estas localidades costeras las mujeres embarazadas se adornaban con conchas.

La concha tiene un gran valor simbólico. En el cuadro de Boticelli titulado *El nacimiento de Venus* se reproduce el mito de esta diosa de la fecundidad y el amor. Ella nace desnuda en la espuma de las aguas del mar a la que habían caído los testículos de Urano, el dios del cielo, tras luchar con Cronos o Saturno, el dios del tiempo. Venus toma una venera (de Venus) como una barca para dirigirse hacia la tierra ayudada por los céfiros. Una ninfa, Flora, espera a la diosa en la playa y le proporciona una tela para que se cubra.

El nacimiento de Venus. Botticelli. Uffizi, Florencia

De nuevo la iglesia católica cristianizó un símbolo pagano asociando la concha al sacramento del bautismo. La iniciación cristiana se realiza mediante el agua del bautismo que purifica y limpia del pecado. El bautismo se realizaba por inmersión pero luego se admitió realizarlo por difusión del agua sobre el neófito y para ello se empleaba la mano o el cuenco de una concha. La concha paso a ser el símbolo del bautismo y, por ende, de la regeneración a una nueva vida y símbolo de la peregrinación.

Algunos jacobitas al llegar a Compostela seguían su camino hasta las costas del Atlántico para ver las puestas del sol en Finisterre, perpetuando la costumbre de sus antepasados. Cuando llegaban allí ejercitaban los rituales de llegada, rituales más paganos que los que habían practicado en la catedral. En ésta los rituales más antiguos eran la entrega de cirios de cera virgen de abejas, y la ofrenda de cera y de aceite para las lámparas de la catedral. En Finisterre quemaban sus harapos en el fuego y, tras morir de alguna manera como el sol, reiniciaban una nueva vida de vuelta a casa.

Otro de los rituales que tienen los peregrinos actuales al llegar a Santiago de Compostela es conseguir el certificado oficial de que han realizado la peregrinación: la Compostela o Compostelana. En un principio, en la Edad Media, se acreditaba haber realizado la peregrinación mediante determinados símbolos o insignias pero estos símbolos eran fácilmente adquiribles por personas que no habían peregrinado. Para evitar estos fraudes se crearon en el siglo XIII las *Cartas* probatorias que son el antecedente directo de la Compostela. Para conseguirla es necesario realizar, al menos, los últimos cien kilómetros a pie o a caballo o los últimos doscientos kilómetros en bicicleta.

Este certificado tuvo su origen en la Edad Media. En aquel momento tenerlo implicaba una indulgencia que reducía a la mitad el tiempo que el alma de la persona tenía que estar en el purgatorio; en el caso de que se consiguiese en año santo la indulgencia era plenaria.

El camino de Kumano también tenía y tiene sus rituales entre los que cabe destacar aquellos ligados a la purificación que están relacionados con el agua y con determinados baños, a veces en condiciones climáticas muy duras. Algunos peregrinos compostelanos medievales también se introducían en la fuente que se encontraba a la entrada de la catedral ya que el *Códice Calixtino* nos dice que en ella cabían quince hombres pero no nos dice que fuese una práctica habitual. Los ritos del agua en Kumano alcanzaban un valor que nunca se alcanzó en el Camino de Santiago lo cual es lógico por las diferentes naturalezas de ambos recorridos.

En el actual festival de primavera de Kumano, que se celebra entre los días 13 al 15 de abril todos los años, los padres y los hijos pequeños se siguen purificando en las aguas sagradas antes de emprender la peregrinación. Se cuida también la vestimenta. Los pequeños llevan dibujado un símbolo en la frente y no pueden tocar el suelo, así que deben ir a hombros de sus padres.

En el espectáculo llevado a cabo en la catedral compostelana, al que nos hemos referido al comenzar el capítulo, participaron los monjes budistas y los sacerdotes sintoístas. Los primeros interpretaron el Shugendo, parte de un ritual de ejercicios que se llevaba a cabo en las montañas en busca de una mente purificadora, y también el Shomyo, otros cánticos rituales budistas. En cuanto a los sintoístas, un sacerdote del Kumano Hongu Taisha, representó una danza y varias sacerdotisas del Kumano Hayatama Taisha interpretaron otra danza que se ha creado para conmemorar la declaración como Patrimonio de la Humanidad de los lugares sagrados de los montes Kii.

En la actualidad en ambas peregrinaciones se echan de menos rituales relacionados con las estrellas porque el valorarlas ayudaría a los peregrinos a fundirse más con el universo.

Capítulo 5

La Vía Láctea asociada a diversos caminos

Leyendas que vinculan la Vía Láctea con caminos

Todas las culturas han dado una interpretación de la creación del mundo y de la Vía Láctea aunque muchas de las creencias que ha tenido la humanidad sobre ella se han perdido al no registrarse. Entre todas las creencias destacan las que la han identificado con ríos celestes, con serpientes y con caminos. La Vía Láctea a lo largo de los siglos ha sido un camino de: dioses, héroes, almas, estrellas y peregrinos. También ha sido asociada con un camino hacia el inframundo, el *camino de Xibalba,* en algunas mitologías mesoamericanas. Otros pueblos, menos trascendentes en sus planteamientos religiosos, al menos en apariencia, la vincularon con caminos de animales, estaciones del año y lo que es más curioso, con un camino de harina de maíz.

Camino de dioses y héroes. Anteriormente hemos visto la asociación de la Vía Láctea con dioses y héroes cuyo nombre ha quedado registrado: Aryaman, Heracles, Faetón, Vaghan, Odín, Iring, Carlomagno, etc. Otras culturas la vincularon con un dios del que solamente sabemos que era cazador. Los yokutas, un pueblo al parecer de origen turquiota, que emigró en torno al siglo X a Siberia, y del que todavía quedan familias, tiene la siguiente leyenda: la Vía Láctea sería el rastro que dejarían las huellas de un dios cazador sobre unos esquís cuando perseguía a un ciervo de seis patas. El ciervo sería la Osa Mayor y la casa del dios se encontraría en las Pléyades[1].

Camino de almas. En las concepciones religiosas de muchos pueblos la Vía Láctea era el vínculo entre nuestro mundo y el mundo de lo trascendente. En el capítulo primero se ha expuesto que en el mundo griego y en el mundo romano algunos intelectuales transmitieron la idea de que la Vía Láctea era el camino que seguían las almas para llegar al Paraíso. Esta ruta permitía en muchas ocasiones un retorno porque algunos intelectuales creían en la reencarnación.

Lo que es curioso es que esta misma creencia se encuentra también en el continente americano en algunos pueblos. Los "sioux oglata" que viven en una reserva estadounidense pensaban que la Vía Láctea era la ruta que seguían los espíritus en su camino hacia el juicio final. En su opinión creían, que después de pasar los fuegos de los campamentos de los muertos que estaban repartidos por el sendero, se encontraban a una anciana que era la que decidía su destino. Una opción era entrar en el otro mundo y la otra volver a la tierra[2].

También se debe hacer una referencia a las mitologías mesoamericanas, en concreto a las mitologías mayas. Existe un estudio, aún sin confirmar, que quiere ver en las lenguas mayances que sobreviven una alusión a la Vía Láctea como el camino hacia *Xibalba*, que era el inframundo descrito en el *Popol Vuh*, códice que nos permite conocer la versión de la creación del mundo para esta cultura[3].

En la actualidad los lacandones, un grupo indígena cuyos antecedentes fueron los mayas, que habitan en la selva Lacandona en la frontera entre México y Guatemala, creen que el universo está formado por tres niveles: el cielo, la tierra y el inframundo. La Vía Láctea era el cordón umbilical que unía el cielo con la tierra y el inframundo. Es curioso resaltar que, en culturas tan distantes geográficamente, la Vía Láctea sea un vínculo entre la tierra y el cielo o la tierra y el inframundo.

Camino de estrellas. En el primer capítulo se ha expuesto la existencia de una creencia o religión astral que vinculaba un alma con una estrella. Si la Vía Láctea era un camino de almas debía ser también, en el imaginario colectivo, un camino de estrellas. Juan José Ochoa de Zabalequi opina que los numerosos cromlechs (círculos de piedra) pirenaicos, sugieren estrellas. En los Pirineos y en el norte peninsular debía estar muy extendida una religión astral proveniente de Oriente, de la que se conservaban ciertas creencias como se ha expuesto en el capítulo primero. El Camino de las almas hacia el oeste se podía identificar con un camino de estrellas hacia el oeste, camino espiritual que se identificaría también con caminos físicos.

Camino de peregrinos. Algunos investigadores han querido ver en la etimología de Galicia, la Gallaecia romana, resonancias o semejanzas con galaxia, y por lo tanto, con la Vía Láctea. Desde este punto de vista, la

Vía Láctea se habría identificado desde antiguo con un camino hacia Occidente. En defensa de esta opción se ha expuesto en el capítulo anterior la existencia de una peregrinación bajo la advocación de Heracles, la peregrinación heráclea, que llegaba a la Península Ibérica muy anteriormente al nacimiento de Cristo.

Camino de animales. En la antigüedad también la Vía Láctea se ha relacionado con caminos de animales en todos los continentes, animales que eran importantes en las respectivas culturas. En Europa, en Finlandia o en Lituania era un camino de pájaros. En la mitología finlandesa el mundo se había creado a partir de la explosión de un huevo de un ave acuática siendo el cielo el cascarón de ese huevo que se creía estaba soportado por una columna. Ellos pensaban que la tierra era plana y que en sus bordes se situaba el hogar por excelencia de los pájaros que viajaban hasta allí, en un viaje de ida y vuelta, a través de la Vía Láctea. También se creía que los pájaros llevaban las almas de los humanos tanto en el nacimiento como en la muerte[4].

En Estonia la Vía Láctea también se asociaba con una Vía de pájaros, una rama del árbol del mundo por la que los pájaros llevaban las almas de los muertos[5]. En verdad lo que sucedía era que los pájaros parece que se guiaban por la Vía en su vuelo nocturno.

En Irlanda como un camino de la vaca blanca (*The way of White cow*). En las lenguas turco tártaras también se vincula con el camino de las ocas salvajes.

En algunos lugares del continente asiático Ramón Núñez Centella, director del Observatorio Astronómico de la Coruña, cuenta en un artículo que se identificaba como "El camino del elefante blanco". En África, algunas tribus la concebían como el espinazo de la noche y creían que su misión era sujetar el cielo. Estaba bien pensado el paralelismo con el espinazo o columna de los animales.

En Nueva Zelanda, un país de Oceanía, los maoríes se establecieron en torno al siglo X, y han mantenido su lengua y su cultura durante muchos siglos. Ellos, al parecer, identificaban la Vía Láctea como el camino del pescado o el pescado del cielo.

Camino de estaciones del año. Como curiosidad, decir que, a veces, se hace referencia a las estaciones del año. En Noruega o en Suecia se llama "camino de invierno" porque en estas latitudes se visualiza mejor en invierno que en verano.

Camino de harina de maíz. En el continente americano, en el pueblo Cherokee, se identifica con un sendero de harina de maíz. La leyenda cuenta que un matrimonio se pasaba el día moliendo maíz. Una mañana se dieron cuenta que les habían robado parte de su maíz durante la noche. Los robos continuaron y el matrimonio decidió comunicárselo a los vecinos y todos ellos acordaron observar durante las noches siguientes. En una de ellas, un gran perro, un perro gigante, apareció en el cielo y aterrizó en la casa del viejo matrimonio, dirigiéndose al cesto dónde estaba la harina y metiéndose en la boca una gran cantidad de ésta.

Los campesinos, a pesar de su terror, se lanzaron contra el perro gigante, que huyó hacia una colina y, desde allí, se lanzó hacia el firmamento. La harina de maíz salió de su boca y dejó un rastro blanco en el firmamento. Había nacido la Vía Láctea. Es curioso observar, que este pueblo también la vinculaba a un robo.

Se resumen en el siguiente cuadro las distintas interpretaciones de la Vía Láctea como camino en las culturas europeas

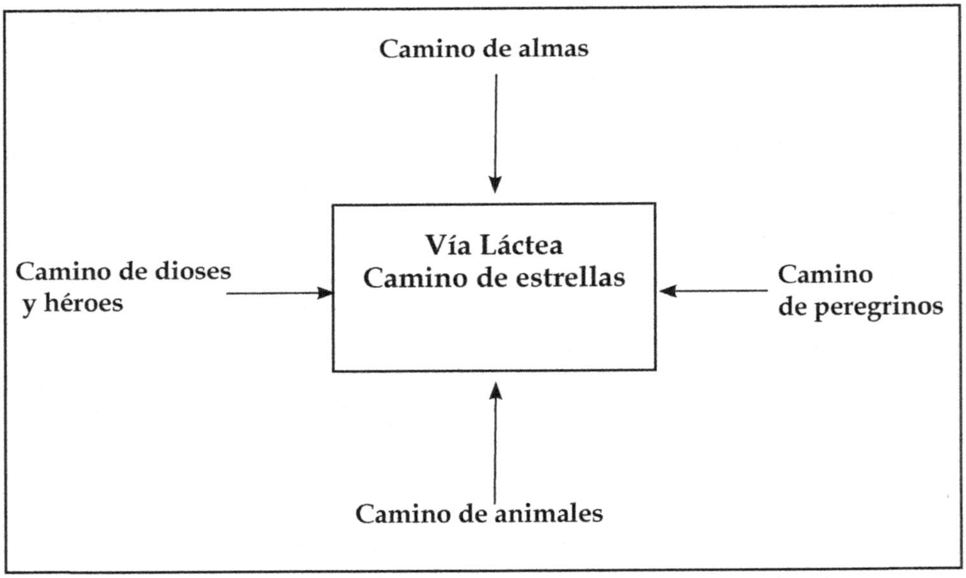

¿Desde cuándo se asocia la Vía Láctea con el Camino de Santiago?

Todo lo que se ha expuesto anteriormente tenía la finalidad de justificar que buscar la vinculación de la Vía Láctea con el Camino de Santiago es una tarea complejísima que hunde sus raíces en la noche de los tiempos, con numerosos matices que se entremezclan entre sí.

La cristianización de Europa experimentó un fuerte avance en los siglos IX Y X gracias al monacato y al comienzo del auge de las peregrinaciones. Es importante señalar que los Caminos de Santiago contribuyeron de forma notable a la formación de Europa. Esa expansión del cristianismo llegó también a los cielos y la Vía Láctea que había estado asociada a diversos dioses y héroes se conectó con el Apóstol Santiago. Algunos héroes conectados a la Vía Láctea habían sido guerreros y el Apóstol no iba a ser menos, de ahí probablemente su aparición en determinadas batallas. Surge la pregunta: ¿A quién se le ocurrió la idea de asociar la Vía con el Apóstol? ¿En qué momento histórico? No hay respuesta a tales preguntas, al menos por ahora.

Lo que se puede saber es ¿dónde aparece por primera vez escrita la vinculación de la Vía Láctea con el Camino de Santiago? La respuesta es: el italiano Giovanni Balbius en el siglo XIII en su enciclopedia *Catholicum seu summa* denomina a la Vía Láctea como "Vía Sancti Jacobi" [6]. Este es, al parecer, el texto más antiguo conocido en el que aparece esta asociación. Posiblemente estuvo antes en otros escritos que se han perdido o que todavía no se han estudiado.

Giovanni Balbius o Balbi es un personaje casi desconocido para el público español. Fue un teólogo, probablemente dominico, que escribió la enciclopedia anteriormente citada que tuvo una gran difusión en la edad Media. Esta enciclopedia pudo acabarse en la década de 1270 sucediendo la muerte del gramático en 1298. Posteriormente con la aparición de la imprenta se hicieron varias ediciones de esta obra.

La flecha que guía a los peregrinos por el Camino de Santiago
Composición de Jesús Salas Parrilla

Pero también el Camino de Santiago se identificó con "un Camino de estrellas" según la leyenda del libro IV del *Códice Calixtino*. En la actualidad todos sabemos que la Vía Láctea está formada por estrellas luego la asociación Vía Láctea con un "Camino de estrellas" es evidente. Sin embargo, en el siglo XII cuando se escribió el *Calixtino*, no era obvio que la Vía Láctea estuviese formada por estrellas, de hecho muchos intelectuales no lo creían.

¿En qué pensaron los responsables del *Calixtino* al escribir en latín: *Caminus stellarum quem in celo vidisti*[7]. En el capítulo tercero se dieron varias respuestas a lo que es un misterio para nosotros pero puede ser que las autoridades eclesiásticas simplemente realizasen un sincretismo ya que la noción de "camino de estrellas" como un camino ritual hacia el oeste estuviese en la cultura de varios pueblos europeos. En el capítulo primero, al exponer la vinculación de un alma con una estrella en culturas antiguas, se dieron ejemplos de que, en el siglo XX, algunos habitantes de los Pirineos, el norte Peninsular, Galicia y Portugal, conocían esta asociación transmitida de padres a hijos. La cristianización tenía que hacer suyo ese "Camino de estrellas" y lo hizo asociándolo a dos héroes cristianos: Carlomagno y Santiago.

Surge la pregunta: ¿qué se asoció primero con el Camino de Santiago, "Un camino de estrellas" o la Vía Láctea? Imposible dar una respuesta. Entre la escritura del libro IV del *Calixtino* y la enciclopedia de Giovanni Balbius pasaron más de ciento treinta años pero Balbius recogió una asociación que debía ser muy popular ya en Europa. La Iglesia había cristianizado no solo caminos ancestrales en la tierra sino también el camino en el cielo.

¿Alguna vez la Iglesia identificó el "Camino de estrellas" del *Calixtino* con la Vía Láctea? En este sentido sería interesante localizar otros manuscritos del *Liber Santi* Jacobi posteriores al *Códice Calixtino* para averiguar si en ellos está este texto y si en alguno se sustituye "camino de estrellas" por "Vía Láctea".

Lo cierto es que en este sincretismo religioso el Camino de Santiago en siglos posteriores también se identificó con un camino de almas como se expone a continuación.

El Camino de Santiago: un camino de almas

El inconsciente colectivo razona lógicamente. Si la Vía Láctea era un camino de almas y la Vía Láctea se identifica con el Camino de Santiago, el

Camino de Santiago es un Camino de almas. Esta asociación debió ser muy conocida pues dio lugar a un romance que recogió Menéndez Pidal en la *Colección de viejos romances que se cantan por los asturianos*. El romance recogido por Vázquez de Parga comienza con estos versos[8]

En camino de Santiago
Iba un alma peregrina
Una noche tan oscura
que ni una estrella lucía,
Por donde el alma pasaba
La tierra se estremecía

El romance continúa con la aparición de un caballero que se asoma a una ventana y al ver al alma la pregunta por su naturaleza y le aconseja ayudarse en su peregrinación con las limosnas que hubiese dado, con los rosarios rezados y con las buenas obras realizadas. El alma contesta que no se puede ayudar con estas cosas porque en vida no las hizo. Entonces el caballero ofrece al alma unas velas misteriosas las "velas de la victoria". Estas velas cumplen su función porque el alma vuelve esa misma noche de su peregrinación, pero su vuelta es alegre y dichosa

O dichoso el caballero
Más dichoso non podía
Que por salvar a mi alma
Salvó la suya y la mía

En el norte de Portugal, hay un romance, también recogido por Vázquez de Parga, que nos habla de un alma que va en romería a Santiago y que también se encuentra angustiada. Este romance se ha localizado en Vila Nova de Gaía, localidad cercana a Oporto y la desembocadura del río Duero.

A gritar vai un alma,
A gritar que se perdía,
Caminho de S.Tiago
A cumprir a romaría.
Ouvira-a um cavaleiro
Da sola donde dormía:
-¿P´r onde vais, ó alma santa,
Com táo grande gritaría?
Caminho de S. Tiago
A cumprir a romaría[9].

La creencia de que el alma no se puede salvar si no hace el viaje a Santiago de Compostela se ha mantenido largo tiempo. También se decía que la Vía Láctea era el camino que seguían las almas para ir a Santiago porque allí había un agujero por el que debe pasar todo el mundo en vida o en muerte.

La memoria colectiva de la asociación del Camino de Santiago con un camino de almas se está perdiendo, entre otras causas, porque el ser humano conoce mejor el Universo.

El camino celeste del Apóstol

Por último, queremos hacer una observación. La mayoría de nosotros vinculamos la Vía Láctea al camino terrestre, al camino Francés. Pero podría vincularse la Vía Láctea con el Camino del Apóstol de otra manera diferente, que muy pocas personas conocen. Vicente Risco en su *Historia de Galicia* cuenta que existe una creencia popular gallega que asocia la Vía Láctea con "el camino celeste por donde bajo Santiago para luchar contra los *mouros*, ya que la liberación de Galicia de los *mouros*, que fueron sus primeros habitantes se considera una hazaña del Apóstol" [10].

¿Quiénes son estos *mouros*? Nuestra primera respuesta es los musulmanes y en este contexto es la respuesta adecuada pero filólogos como Millán González Pardo e historiadores como Alonso Romero defienden que fueron los antiguos habitantes de la Galicia prerromana, anteriores a los celtas. En la toponimia gallega y portuguesa aparece la palabra *moura* asociada a túmulos dolménicos, por ejemplo en las Mámoas da Pena da Moura cerca de Sobrado en la Coruña Los *mouros* y las *moura*s estaban asociados en Galicia a muchos ritos paganos surgidos en el Paleolítico que el cristianismo trató de olvidar. En la Edad Media por homofonía pudo identificarse *mouros* con moros.

En alguna zona de Portugal, en concreto en Cinfaes, existía también la creencia de que el Apóstol Santiago había empleado la Vía Láctea para subir al cielo después de ayudar a los gallegos.

En el siglo IV, hemos visto que Macrobio dejó escrito que la Vía Láctea era el camino por el que las almas descendían y ascendían del cielo a la tierra. No es pensable, que los gallegos de los primeros tiempos de la peregrinación jacobea, hubiesen leído a Macrobio, pero las creencias sobre los viajes de las almas han estado desde la Galicia prerromana, en el inconsciente colectivo gallego.

Federico García Lorca en su bello poema *Balada ingenua,* también nos transmite la idea de Santiago como peregrino celeste. Se recuerdan los primeros versos de esta balada

Esta noche ha pasado Santiago
Su camino de luz en el cielo.
Lo comentan los niños jugando
Con el agua de un cauce sereno.
¿Dónde va el peregrino celeste
Por el claro, infinito sendero?

¿Sirve la Vía Láctea para que los peregrinos se orienten?

Parece lógico pensar que si a la Vía Láctea se le ha llamado también Camino de Santiago, los peregrinos puedan emplear esta mancha en el cielo para llegar a su destino. De hecho, **ésta es** una de las preguntas frecuentes de los visitantes al planetario de la Coruña.

Los peregrinos medievales seguro que observaban más el cielo que los actuales y ello por muchas razones: posiblemente tenían mejor vista, no tenían contaminación lumínica y conocían mejor las estrellas porque las observaban más. Con seguridad sabían que durante el día en España seguían el Camino si seguían el curso del sol y por la noche una manera de orientarse era localizar la estrella Polar que marcaba el Norte.

Sabemos que los navegantes fenicios se fijaban en la estrella Polar, por convención la más próxima al Polo Norte, para dirigir el rumbo de sus barcos durante la noche. En la actualidad esta estrella se encuentra en una de las constelaciones más conocidas, la Osa Menor. En lugar de Osa, otros llamaban a esta constelación el Carro. El Carro está formado por siete estrellas principales, cuatro que se unían formando el carro propiamente dicho y tres que formaban el mango. La estrella Polar era precisamente el final de ese mango.

¿Emplearon los peregrinos la Vía Láctea para orientarse? Una posible investigación sería rastrear en los diarios de los peregrinos para ver si hay alguna referencia a la Vía Láctea y si esta fue empleada por algún peregrino **a** lo largo de la historia como señalización para ir a Santiago. En todos los diarios actuales se puede leer que los peregrinos siempre caminan de día

Independientemente de que se haya empleado o no, intentaremos dilucidar si se podría emplear. En primer lugar hay que hacer dos matizaciones. La primera que hay que tener en cuenta el punto de partida del peregrino.

Si nos limitamos al llamado *Camino de Santiago* en singular, al llamado Camino Francés desde Puente la Reina hacia Compostela, el sentido es hacia el oeste pero, para un peregrino que por ejemplo partía de Alemania, el sentido no es siempre hacia el oeste.

La segunda, hay que tener en cuenta la época del año en que se realiza la peregrinación. El aspecto del cielo no es igual en todas las épocas del año. Lo mismo sucede con la Vía Láctea: en las noches estivales que son muy cortas es muy visible, en primavera casi no se ve y en invierno se ve muy poco. Su dirección varía también de una época del año a otra. Por lo tanto, no se puede afirmar que la Vía Láctea sirva, en general, para orientar a los peregrinos.

Según el planetario de la Coruña en los meses de verano y, por lo tanto de mayor afluencia de peregrinos, al amanecer la Vía Láctea se extiende de este a oeste por lo que sí podría indicar el Camino Francés durante un breve periodo de tiempo porque su trazo va variando a lo largo del día. Puede ser que los peregrinos medievales supiesen que les indicaba el Camino pero solamente en momentos muy concretos.

En las imágenes de la página siguiente se pueden observar las diferentes posiciones de la Vía Láctea en distintas épocas del año. [11.]

Asociación de la Vía Láctea con otros caminos de peregrinación

La Vía Láctea no solamente se asocia con el Camino de Santiago. Hay otros caminos de peregrinación que también se vinculan con la Vía Láctea, aunque esta identificación sea menos conocida del gran público. Entre esos caminos están: El Camino a San Andrés de Teixido, dos caminos de peregrinación ingleses, un Camino de peregrinación a la Meca y varios caminos a santuarios en Turquía. El origen de estas asociaciones es también un enigma histórico en el que confluirán *sincretismos.*

El Camino a San Andrés de Teixido. En la provincia de la Coruña se encuentra el santuario de San Andrés de Teixido, que en la actualidad es una pequeña iglesia próxima a un acantilado, rodeada de casas y de unos cuantos tenderetes para ofrecer recuerdos a los turistas. Sin embargo, parece ser que este solar fue un lugar sagrado de peregrinación desde la Edad del hierro.

Ramón Sainero nos cuenta en su obra *San Andrés de Teixido y las islas del Más Allá* que los celtas creían que en este lugar, vinculado a las puestas de sol de Occidente, se encontraba una puerta para que las almas, siguiendo el camino del sol, se encaminaran a los acantilados de San Andrés y en barcas mágicas se dirigiesen a las islas del Más Allá.

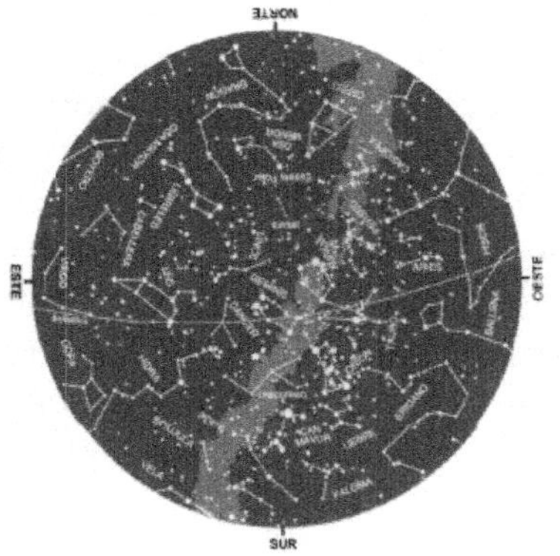

Vía Láctea en enero

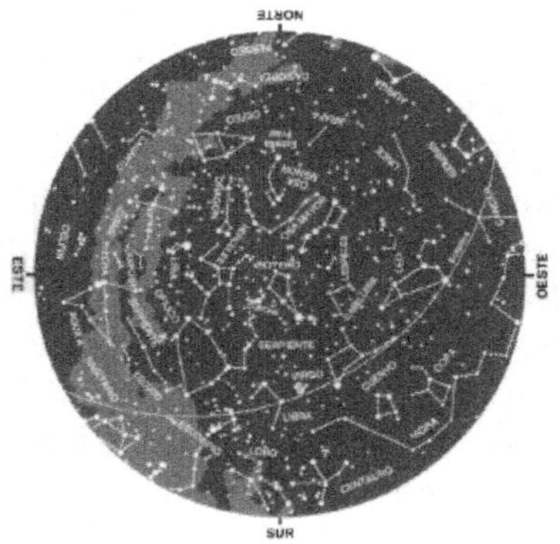

Vía Láctea en mayo

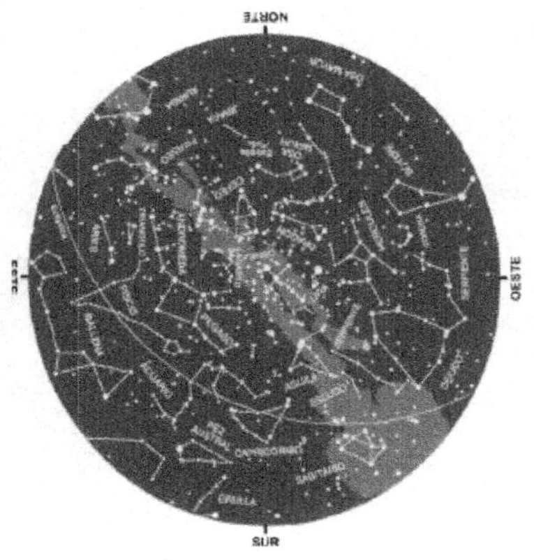

Vía Láctea en agosto

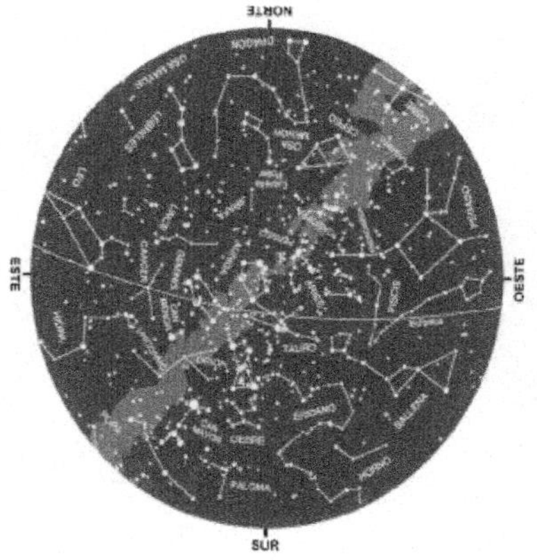

Vía Láctea en diciembre

Fotos tomadas de la Guía del cielo de Velasco P. y Velasco E. Latitud 40º

Lo cierto es, que en el camino a san Andrés, se encuentran veinte "milladoiros", montañas de piedras. Cada peregrino tenía la costumbre de arrojar una piedra al montón, de la misma forma que los peregrinos actuales a Santiago lo hacen en Foncebadon, en la provincia de León. El número de milladoiros o montañas de piedras es, al parecer, el mayor encontrado en Europa, lo que es muy significativo.

Existe el dicho, de que a San Andrés de Teixido "vai de morto quien non foi de vivo". "va de muerto quien no fue de vivo". La creencia era que podía volver en forma de escarabajo, hormiga u otro insecto, por lo que los peregrinos tenían que tener mucho cuidado al pisar el suelo para evitar matar a estos animales.

En la actualidad Ramón Núñez Centella recuerda que en Cedeira, un pueblo de la Coruña cercano a San Andrés, escuchó como a la Vía Láctea se la asociaba con el Camino a San Andrés de Teixido. Esta vinculación pudo ser prehistórica y, por lo tanto, anterior a la del camino de Santiago pero la ausencia de datos escritos ahonda el misterio. Lo único que se sabe con certeza es que en el siglo XII había en este lugar un pequeño monasterio que estaba bajo la protección de los condes de Traba que posteriormente se lo entregaron a la Orden de san Juan de Jerusalén. En cuanto al primer escrito que ha quedado como testimonio de la existencia de la peregrinación, corresponde a una señora de Vivero que mandaba ir en su nombre a alguien en romería en el año 1391.

Vista de San Andrés de Teixido (Cedeira - La Coruña)

Los caminos ingleses. En Inglaterra había dos caminos que se asociaban a la Vía Láctea, según nos cuenta Paul Murdín en su libro *Secretos del Universo* Estos caminos eran: *Walsingham Way* y *Watling Street.*

En la Inglaterra medieval estaba muy arraigada la costumbre de peregrinar a santuarios. Uno de los más visitados fue el de Nuestra Señora de

Walsingham que se construyó en el siglo XI, en concreto en 1061, tras la aparición de la Virgen a una noble pidiéndole que le construyera una casa similar a la de Nazaret, según cuenta la leyenda.

La vía que va desde Londres hasta Norfolk, donde se encuentra el santuario, se conoce como *The Walsingham Way* y, por ella, parece ser que peregrinó el rey Enrique III alrededor del año 1220. Durante los siglos XIV y XV fue el centro de peregrinación más importante de Inglaterra. Este santuario fue muy visitado por mujeres que tenían problemas de fertilidad, lactancia o habían tenido enfermedades en la infancia.

Se conservan los registros de las donaciones hechas por algunas mujeres en este santuario; entre ellas, Mabel Maloysel donó un anillo de oro con un diamante que tenía una imagen de la Virgen de Walsingham en 1383 y en 1474 Lady Elisabeth Andrew legó también un anillo con diamantes.

Una de las peregrinas ilustres fue Catalina de Aragón, primera mujer de Enrique VIII, que fue a pedir el nacimiento de un hijo varón, volviendo posteriormente cuándo nació su hijo y también cuando murió éste[12]. Catalina de Aragón también había peregrinado a Santiago de Compostela, antes de embarcar para Inglaterra.

Al igual que en Santiago de Compostela los peregrinos compraban una concha, en Norfolk compraban una insignia de plomo para atestiguar que habían realizado la peregrinación. El santuario fue destruido en 1538 durante la Reforma religiosa y el lugar quedó desolado durante siglos. En 1934 se restauró una capilla y se volvieron a impulsar las peregrinaciones católicas a este lugar.

El otro camino de peregrinación inglés que se asocia con la Vía Láctea es *Watling Street,* nombre dado a una antigua vía celta que iba desde Londres a Gales y que posteriormente fue una calzada romana. Como la mayoría de las vías romanas se deterioró con el paso de los siglos pero al igual que sucedió con la ruta a Compostela, se cristianizó y fue empleada por los peregrinos ingleses que, al igual que los jacobitas, iban visitando los diversos santuarios que encontraban en su ruta siendo Canterbury uno de los más notables.

Canterbury estuvo poblado desde antes de la dominación romana. La cristianización y la construcción de la primera iglesia comenzaron en el siglo VII. En la Edad Media la tumba de Santo Tomás Becket en Canterbury fue muy visitada a partir de que el santo fuese decapitado el 29 de diciembre de 1170, de hecho, los donativos de los peregrinos facilitaron la realización de las obras de mejora de la iglesia.

Catedral de Canterbury

En los famosos *Cuentos de Canterbury*, la mejor obra inglesa de la literatura medieval escrita por Chaucer en el siglo XIV, se narra la peregrinación desde Southwark, municipio londinense en la orilla del río Támesis, a Canterbury.

Nos podemos preguntar: ¿por qué identificaron esos caminos terrestres con la Vía Láctea? ¿Desde cuándo se da esta asociación? No conocemos la respuesta pero, de nuevo, se pueden mantener, al menos, dos posturas:

a. Los que creen que la identificación de las rutas de peregrinación inglesas con la Vía Láctea se remonta a más de dos mil años atrás en el tiempo. Ya hemos comentado que Ramón Sainero sostiene la tesis de que a la península Ibérica en general y, a Galicia en particular, llegaron grupos de griego escitas, antes de los celtas del centro de Austria que es la tesis oficial, y que la cultura de estos grupos es el germen de la cultura gallega. Por otra parte, también puede ser que fuesen gallegos los que colonizaran las islas Británicas e Irlanda.

Estos gallegos primitivos pudieron vincular la Vía Láctea, es una opinión personal, con su camino de peregrinación hasta llegar a Galicia y trasladar esa idea a Inglaterra e Irlanda. Lo cierto es que en época romana ya existía un camino, el llamado camino de las Zarzas, que se identificaba con la Vía Láctea[13].

b. Los que opinan que pudo ser posterior a la vinculación del Camino de Santiago con la Vía Láctea. Se sabe que grupos de ingleses peregrinaban a Santiago de Compostela y que posteriormente regresaban a su casa. Al volver pudieron desear que sus caminos de peregrinación en Inglaterra también se identificasen con un "camino de estrellas" actualizando recuerdos del pasado.

Por otra parte, ingleses notables que vivían en la península Ibérica tenían que conocer la vinculación del camino de estrellas con el de Santiago. Uno de ellos fue Robert of Chester. A Robert of Chester se le identifica también con Robert of Ketton, aunque algún investigador opina que eran personas distintas porque Chester y Ketton eran localidades muy distantes en Inglaterra. En el año 1141 Roberto de Ketton fue visitado en España por el abad de Cluny Pedro el Venerable quién le dio el encargo de traducir el Corán y otros textos islámicos. Roberto de Kettón fue arcediano en Pamplona, uno de los lugares clave de la peregrinación jacobea. Junto a Roberto estaban también otros dos traductores, Hermann el Dálmata y Rodolfo de Brujas.

¿Conocía Roberto la vinculación del Camino de estrellas con el Camino de Santiago? ¿Conocía el *Códice Calixtino*? Parece lógico pensar que sí, dada su relación con personajes como el abad de Cluny. En aquellos años es pensable que el abad de Cluny conocía el *Calixtino* por lo tanto, a Roberto de Chester o a otros intelectuales se les pudo ocurrir identificar también los caminos de peregrinación en su país natal con la Vía Láctea. Es una hipótesis más sin ninguna validez contrastada.

Otros Caminos. Hay otros caminos terrestres que también se han identificado con la Vía Láctea. Jaime Cobreros en su artículo *El Camino Iniciático de Santiago* nos recuerda que para los tártaros musulmanes la Vía Láctea era considerada también un camino de peregrinación hacia la Meca.[14]

Capítulo 6

El cielo en el Camino

Un motivo más para peregrinar

Observar algunos aspectos del cielo mientras se camina es, sin duda, un motivo más para peregrinar, que hasta ahora ni se ha estudiado ni se ha potenciado por las instituciones públicas encargadas de la promoción del Camino de Santiago, ni de otros caminos.

Desde el año 1993 se están realizando anualmente estudios estadísticos para conocer algunas características del peregrino actual, entre ellas, los motivos que le impulsan a peregrinar. Los dos estudios más importantes los realizan: la Delegación de Sociología y Estadística del Arzobispado Compostelano y la Federación de Asociaciones de los Amigos del Camino de Santiago (FACS).

Los resultados de una encuesta están condicionados por la forma en que se realizan las preguntas de esa encuesta. Un ejemplo significativo de ello lo tenemos cuándo se analizan los motivos por los cuales los peregrinos hacen el Camino, única variable que en este estudio vamos a considerar.

Para conseguir la *Compostela*, certificado oficial de que se ha realizado la peregrinación, el Arzobispado Compostelano exige que el motivo de ésta haya sido religioso. En caso contrario no se obtiene este certificado. La mayoría de los jacobitas, sea cual sea el motivo de su viaje, desean conseguir la *Compostela*. Conscientes de ello en el Arzobispado, solamente se ofrecen tres modalidades de respuesta en el cuestionario que se pasa a los peregrinos y que sirve de base al estudio: religioso y otros, religioso, no religioso.

En el año 2011 llegaron a la oficina del Peregrino, 183.366 peregrinos. Sus respuestas al motivo de su viaje se exponen en la tabla siguiente:

Tabla 6.1 Motivo para peregrinar según el Arzobispado, año 2011

Motivo	Número de peregrinos	Proporción
Religioso y otros	93.147	50,80%
Religioso	78.969	43,07%
No religioso	11.250	6,14 %

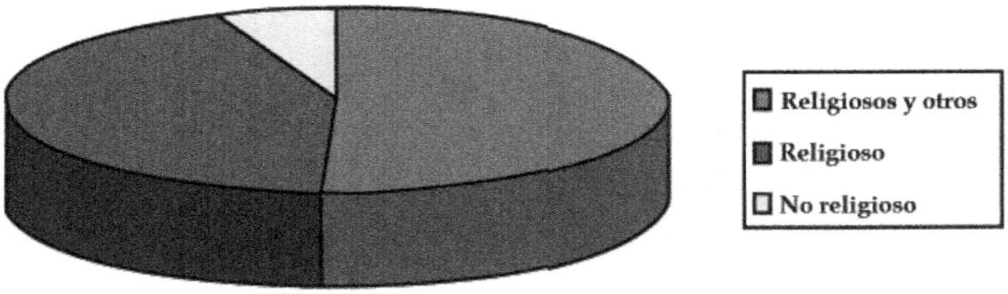

Los resultados varían año a año aunque no hay variaciones significativas en los últimos años en este tema. Es interesante señalar que en el año 2014 se han cambiado las categorías de las respuestas, en lugar de religioso y otros aparece religioso- cultural y en lugar de no religioso, cultural.

Tabla 6.2. Motivación para peregrinar según el Arzobispado en el mes de abril 2014

Motivo	Proporción de peregrinos
Religiosa	38,67%
Religiosa -Cultural	55,08%
Solo cultural	6,24%

La Federación de Asociaciones de los Caminos de Santiago desglosa más los motivos que pueden impulsar a los peregrinos. La Federación envía un cuestionario aproximadamente a mil personas elegidas de forma aleatoria entre las Asociaciones. Los resultados se publican en la revista *Peregrino* y en la página web de la Asociación. En el siguiente cuadro, correspondiente también al año 2011, se ven los diferentes motivos contemplados y los porcentajes que se obtuvieron en las respuestas:

Tabla 6.3 Motivo para peregrinar según FACS, año 2011[1]

Motivo para peregrinar	**Tanto por ciento**
Espiritual	32,38%
Religiosidad	14,24%
Deportivo	10%
Conocer lugares diferentes	14,9%
Arte e historia	10%
Encuentro con amigos	9,27%
Cumplir una promesa	5,83%
Otros	3,36%

Es evidente que las modalidades que se ofrecen para responder condicionan las proporciones. Si sumamos la proporción de los que responden que su motivo es espiritual más los que responden que es religioso y los que lo hacen por cumplir una promesa obtenemos un 52,45% de peregrinos.

Los resultados son también distintos si el peregrino tiene que elegir solamente una opción o, por el contrario, puede marcar muchas porque se motivación es múltiple. Para una gran parte de los peregrinos la motivación es múltiple. Para entender adecuadamente una estadística es importante conocer la formulación de las preguntas del cuestionario.

Los datos van variando algo año a año. El lector interesado puede consultar las correspondientes páginas web del Arzobispado y la Federación.

En ninguna de las encuestas realizadas se ha preguntado al peregrino si observaba el cielo en el Camino y si cree que éste era uno de los motivos para peregrinar. Podría causarnos este hecho cierta extrañeza porque la página web de la Federación se alude al "Camino de las estrellas". Sin embargo, este aspecto no se ha tratado.

El Camino de Santiago proporciona al peregrino tantas vivencias en tantos ámbitos que las relacionadas con la astronomía quizás no sean las más importantes pero pueden añadir felicidad a los jacobitas.

Un proyecto: el Camino de Santiago sin contaminación lumínica

El cielo estrellado es un bien que hay que proteger en todo el planeta según declaró la ONU. Algunas leyes y asociaciones intentan que esta protección sea posible. La primera ley de carácter estatal que se aprobó en España para la protección del cielo nocturno fue la Ley de la Protección de la Calidad Astronómica de los Observatorios del IAC (Ley 31/1988). Fue aprobada a propuesta del parlamento de las islas Canarias.

Esta ley regula todos los aspectos de contaminación relacionados con la actividad astronómica aunque solamente de una zona geográfica bastante reducida. Esta ley es conocida como Ley del Cielo. Otra ley estatal en este sentido es la ley 34/2007 del 15 de noviembre de calidad del aire y protección de la atmósfera. Existen otras leyes de Comunidades Autónomas que regulan solamente aspectos parciales del problema.

Además de las leyes existen iniciativas como la iniciativa STARLIGHT que se dio a conocer en la *Conferencia Internacional de la Defensa del Cielo Nocturno y el Derecho a ver las estrellas* que se celebró en la Palma en abril de 2007. Una asociación que también lucha por lo mismo es la asociación CEL FOSC. A nivel internacional una asociación pionera fue la DARK SKY ASSOCIATIÖN fundada en el año 1988 en EE.UU[2].

El año 2009 fue declarado Año Internacional de la Astronomía para conmemorar los 400 años de las primeras observaciones telescópicas de Galileo y la publicación de *Astronomía Nova de Kepler.* Entre los objetivos de este año estaba el aumentar el conocimiento de la astronomía entre los ciudadanos. Una de las propuestas que realizó el planetario de Pamplona fue el inicio de un proyecto para conseguir que el Camino Francés tenga muy poca contaminación lumínica. Ello permitiría a los peregrinos aproximarse más al "Camino de las estrellas" como lo hicieron sus antepasados.

Ya se ha llevado a cabo alguna iniciativa en este sentido por algunas asociaciones de astrónomos gallegos y catalanes. En concreto, en Puente la Reina, un pueblo navarro donde se unen las dos ramas del camino Francés, se consiguió cambiar el sistema de iluminación para proteger la visibilidad del cielo nocturno

Si la declaración es para todo el planeta aún más lo será para el "Camino de estrellas" por antonomasia que es el Camino de Santiago. Ahora bien, para lograr protegerlo es necesario que la ciudadanía se mentalice y ello implica conocimiento. ¿Qué conocimientos de astronomía tienen los ciudadanos actuales y, en particular, los peregrinos? Imposible dar una respuesta porque no se ha llevado a cabo ningún estudio serio sobre el tema.

Los conocimientos astronómicos de los peregrinos

Hasta la actualidad no se han realizado estudios sobre el conocimiento de los peregrinos en una disciplina concreta. Sí hay una encuesta, realizada por la Federación, para conocer el nivel de estudios de los peregrinos actuales. En el cuadro adjunto se exponen los datos correspondientes al año 2011.

Tabla 6.4 Nivel de estudios de los peregrinos

Estudios académicos	**Proporción**
Estudios universitarios	61,25%
Estudios secundarios	31.02%
Estudios primarios	7,63%

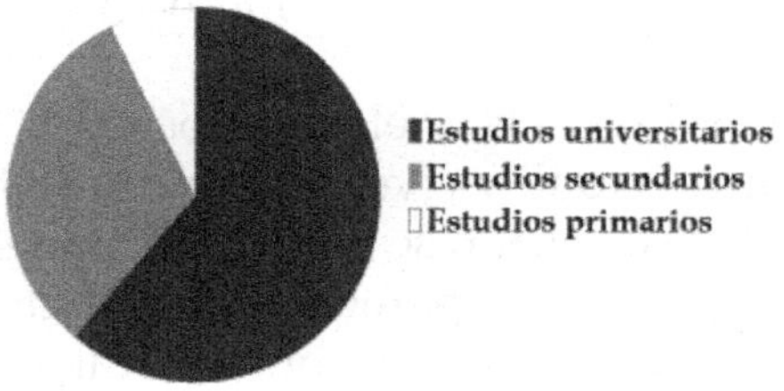

Aunque los datos varían de un año a otro la proporción de universitarios es muy alta pero los estudios de astronomía se realizan en muy pocas Facultades y en la Enseñanza Secundaría la astronomía no se contempla. En los últimos treinta años excepcionalmente algunos alumnos han estudiado una asignatura optativa en Secundaría pero la proporción es mínima.

Aunque el alto porcentaje de universitarios nos llevaría a pensar que hay muchos peregrinos interesados en temas culturales, puede ser que sean muy pocos los interesados en astronomía. Personalmente, entre los peregrinos actuales que conozco, la astronomía en la ruta no es un tema de conversación. Por otra parte, si se navega por Internet se puede observar que de las numerosas fotos que los peregrinos cuelgan en sus blogs no suele haber fotos, por ejemplo de la luna, tomadas en algún lugar específico del Camino.

Los numerosos diarios de los peregrinos nos pueden servir para observar si hacen referencias al cielo durante su camino. Eso implicaría una lectura fijándonos en ese detalle. Por ejemplo, en el diario escrito por la actriz norteamericana Shirley MacLaine titulado *The Way* narra cómo antes de iniciar su peregrinación una amiga que había hecho el Camino anteriormente le habló de los campos españoles y los crepúsculos, aunque no hace ninguna descripción de esos crepúsculos. Posteriormente ella alude a que una noche que tuvo que dormir al aire libre para evitar a los periodistas que la buscaban en el albergue vio la constelación de Orión y las Pleyades[3]. Sin embargo, en la mayoría de los diarios no hay ninguna referencia al cielo. Uno de los diarios con mayor éxito en los últimos años ha sido el del presentador alemán Hape Kerkeling que se tituló en español *Bueno, me largo.* A lo largo de las cuatrocientas páginas de este *bestseller* no hay ninguna referencia a las estrellas. Los peregrinos tienen que dormir de noche para poder afrontar la marcha el día siguiente pero la experiencia de dedicar alguna noche a la contemplación del cielo nocturno enriquecería la vivencia del Camino.

La gran mayoría de los peregrinos medievales no sabían leer pero, es muy probable, que tuviesen un conocimiento del cielo muy superior al de los peregrinos actuales. Los motivos que influyen en ello son varios:

- La imposibilidad de observar el cielo nocturno. La inmensa mayoría de los peregrinos actuales viven en las ciudades. En las encuestas realizadas por la Federación se han clasificado en tres grupos los lugares de residencia de los peregrinos: ciudades, villas medianas y entorno rural: En el año 2011 se obtuvo el siguiente porcentaje entre los peregrinos consultados:

Tabla 6.5 Lugar de residencia habitual

Lugar de residencia	**Porcentaje**
Ciudad	85,12%
Villa de tamaño mediano	8,5%
Entorno rural	6,38%

En las ciudades es imposible disfrutar de la visión nocturna del cielo por la contaminación lumínica. Para poder ver la Vía Láctea es necesario que haya mucha oscuridad. En la actualidad al no mirar el cielo nocturno los hombres y las mujeres se van olvidando de él y ya no son capaces de identificar los objetos celestes más sencillos.

- La enorme oferta de distracciones. En la actualidad son numerosísimos los campos de interés que se le ofrecen a cualquier persona. Sin embargo, en la Edad Media eran muy escasos los nuevos acontecimientos y noticias que invadían la mente de las personas. En estas circunstancias, uno de los entretenimientos favoritos era mirar el cielo. El aprendizaje del mismo se transmitía oralmente de una a otra generación.
- La capacidad visual. Del mismo modo que, al parecer los antiguos tenían más capacidad para caminar durante horas también es muy probable que tuviesen mayor agudeza visual. Ello les permitía una mayor capacidad para disfrutar de la contemplación del cielo.

Planificar la observación del cielo en el Camino

La astronomía, como cualquier ciencia, requiere un largo proceso de estudio y poseer los medios adecuados para ello. No obstante, unas sencillas sugerencias pueden servir para disfrutar más en el Camino y, quizás, para desarrollar una nueva afición.

Cualquier peregrino tiene que resolver unas cuestiones previas antes de emprender el viaje, entre ellas: conseguir información sobre la ruta, prepararse físicamente, elegir adecuadamente el equipaje, decidir si se quiere ir en solitario o en grupo, etc. Todo ello lleva un cierto tiempo. En ese tiempo de antelación se pueden incluir alguna hora para preparar la observación del cielo.

Existen numerosas guías en papel para observar el firmamento. Unas son muy extensas como la de José Luis Comillas que ocupa casi ochocientas páginas, otras mucho menos densas son suficientes para nuestro propósito. Una guía muy sencilla, económica y que no pesa nada y, por lo tanto se puede llevar en la mochila, es la *Guía del cielo* de Ediciones Proclivel que se edita cada año. Esta guía contiene una información muy general sobre la luna, los planetas, los cometas, la lluvia de meteoros, doce mapas celestes con el aspecto del cielo en cada mes y un pequeño comentario sobre las constelaciones visibles en el cielo en cada periodo del año.

La consulta a través de Internet también nos da mucha información. Una posibilidad es consultar la página web del Observatorio Astronómico de la marina de Cádiz que desde hace doscientos años elabora tablas de efemérides astronómicas. También se puede consultar la página de la Sociedad Española de Astronomía. Algo sencillo es descargarse alguno de los programas de ordenador que permiten simular el cielo nocturno. Hay programas que tienen una aplicación para móviles como *Stellarium.* Otro programa que se puede instalar en móviles y tabletas es *Mapa estelar.* Estos programas informáticos que emplean tecnologías GPS aún no están del todo perfeccionados pero tienen un gran potencial.

Todo ello va a permitir fácilmente al peregrino o al caminante de un sendero GR(Gran recorrido)disfrutar de la observación del cielo.

Identificar las fases de la luna

La luna invierte 27 días, 7 horas y 43 minutos en dar una vuelta alrededor de la tierra (periodo sidéreo). A largo del *Camino Francés,* que suele durar entre 20 y 30 días, los peregrinos se encuentran con casi todas las fases de la luna, fascinante sobre todo en las noches de luna llena.

En la planificación de la peregrinación se puede averiguar en qué fase va a estar la luna en determinados días de nuestro Camino. Si el peregrino va a caminar por la noche, hay peregrinos que lo hacen, planifican el viaje para coincidir con la luna llena. Para el resto de los peregrinos las fases de la luna no son tan importantes pero del mismo modo que se consultan otros datos previamente, por ejemplo el tiempo que va a hacer, se puede consultar éste dato. Por ejemplo, el peregrino que llegase a Compostela el día 25 del mes junio del año 2013 se encontraría con luna llena en la constelación de Sagitario.

La contemplación de la luna en Compostela es un espectáculo que uno debe recordar y, si es en la Plaza de la Quintana, se puede acompañar del poema que Federico García Lorca escribió en gallego cuyos primeros versos reproducimos a continuación. La traducción al castellano es de Miguel García Posada

Danza da lúa en Santiago

¡Fita aquel branco galán
Olla seu transido corpo!
É a lúa que baila
Na Quintana dos mortos

Danza de la luna en Santiago

¡Mira aquel blanco galán
mira su transido cuerpo!
Es la luna que baila
en la Quintana de los muertos

La Luna. Fotografía de Jesús Salas Parrilla

Los aficionados a la fotografía pueden desear una foto muy particular de la luna en algún lugar característico del Camino y prepararse para ello. Si la Luna está creciendo pueden recordar que una de las creencias más antiguas sobre el viaje de las almas situaba el Paraíso en la luna que recibía a las almas cuándo estaba creciendo. Si alguien moría en luna creciente era señal de que su alma podía alcanzar el Paraíso.

La foto que se expone está tomada con una máquina Canon EOS 600D y con un teleobjetivo de 1200. Si un grupo viaja con coche de apoyo no tiene dificultad para trasladar este equipo y puede tener una secuencia completa de las fases de la luna durante su viaje.

Averiguar los planetas visibles

Mercurio, Venus, Marte, Júpiter, Saturno, son los planetas que se pueden ver a simple vista, aunque Mercurio presenta una mayor dificultad. Copérnico comentó que no había logrado ver a Mercurio. Urano y Neptuno necesitan ya de un instrumental aunque Urano fue visto por los indígenas de la isla de Tahití antes de que lo descubriese Herschell y le diese su nombre.

En la imagen se presenta la conjunción de los planetas Mercurio, Júpiter y Venus, producida el 5 de agosto de 2015.

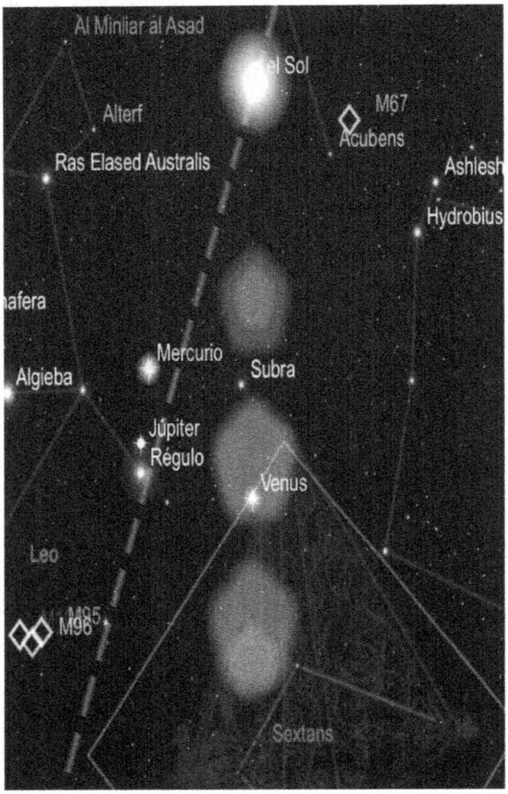

Conjunción de Mercurio, Júpiter y Venus
Captura del programa " Mapa Estelar"

El número de aficionados a la astronomía que se conforma con ver únicamente los planetas es muy numeroso. La consulta a la guía Proclivel nos dice, por ejemplo, que en el mes de junio del año 2013 la visibilidad de los planetas era la siguiente: Mercurio se veía al anochecer sobre el horizonte Oeste-Noroeste desde el comienzo del mes hasta aproximadamente el día 20. Venus brillaba sobre el horizonte oeste-noroeste en el crepúsculo vespertino con magnitud -3,9. El brillo de Venus era superior al de las estrellas. Los primeros días del mes se encontraba en la constelación de Tauro, la mayor parte del mes estuvo en la constelación de Géminis y los últimos días en la de Cáncer.

Marte no fue visible en casi todo el mes. Solamente se vio al final del mes durante el alba con una magnitud del 1,5. Júpiter no se vio bien durante este mes. Saturno, con una magnitud de 0,4, se puede ver durante toda la noche desde inicios del mes. A finales de mes se oculta antes de iniciarse el alba.

En los próximos años las guías del firmamento en papel desaparecerán posiblemente porque a través de Internet y programas específicos de astronomía como "Mapa Estelar" se puede consultar el estado del cielo cada día.

Elegir una estrella

Anteriormente hemos visto cómo en la Antigüedad se asociaban las almas de los seres humanos con las estrellas. El Camino de Santiago, en el inconsciente colectivo era también un camino de almas y por lo tanto de estrellas.

Aunque en la actualidad esta creencia se ha perdido puedes permitirte el lujo de elegir una estrella y asociarte con ella durante el Camino.

Si al preparar tu equipaje de peregrino ya tienes elegida la estrella con la que quieres asociarte puedes personalizar parte de tu equipaje, por ejemplo la mochila, el sombrero o algunas camisetas, con el nombre y algunas características de tu estrella. Ahora bien ¿en qué parte de la camiseta poner el nombre de la estrella? Una opción es ponerla en la espalda, de esta forma tu estrella guiará de alguna manera a los peregrinos que caminen detrás de ti.

Muchos de los hombres que realicen el *Camino Kumano* quizás se identifiquen con la estrella Altair y muchas mujeres con la estrella Vega por la leyenda japonesa. En España no hay estrellas específicas asociadas a la leyenda, luego la elección s podría hacer entre las que se pueden ver a simple vista. En la actualidad, apenas son tres mil las estrellas que se podrían ver sin ayudas ópticas. El Camino es una oportunidad única para contemplarlas. Hay que tener en cuenta la época del año pues el cielo cambia con las estaciones.

En la guía Proclivel recomendada tienes un mapa celeste de cada mes que te puede servir en un principio para una primera localización de estrellas. Debes tener en cuenta que esos mapas están diseñados para una latitud de 40º y que si caminas por el Camino Francés se camina hacia el Oeste por una latitud aproximadamente de 42º. Por otra parte, el mapa está realizado para un determinado día del mes y para una determinada hora de la noche. Eso quiere decir que el cielo que vas a observar no coincide exactamente con el cielo que vas a ver en tu libro pero puede servirte para una primera mirada y para la elección de una estrella.

Puede ser que quieras poner algunos datos de tu estrella: constelación a la que pertenece, años luz de distancia, magnitud, etc. La magnitud de las estrellas hace referencia a su brillo aparente. Este brillo aparente es el resultado de la combinación de dos factores: el brillo de la estrella y su distancia a la tierra. Algunas estrellas tienen una magnitud aparente variable.

El astrónomo griego Hiparco elaboró un catálogo de aproximadamente mil estrellas a las que clasificó en seis magnitudes. Las de magnitud uno eran las estrellas más brillantes siendo las de magnitud seis las menos brillantes. En la actualidad se ha definido la magnitud de las estrellas de una forma más precisa. La escala actual de magnitudes contiene números con decimales, incluso números negativos, aunque se ha procurado no desviarse demasiado del número griego asignado por Hiparco. A la magnitud del sol se le ha dado el valor -26,73. En la tabla siguiente se muestran algunas de las estrellas más brillantes de nuestro cielo

Tabla 6.6 Estrellas brillantes

Nombre	**Constelación**	**Magnitud**	**Años luz**	**Color**
Sirio	Can Mayor	-1,47	8,7	Blanco azulada
Arcturo	Boyero	- 0,04	36,7	Anaranjado
Vega	Lira	0,03	25,3	Blanco
Capella	Auriga	0,71	42	Amarillo
Rigel	Orión	0,18	860	Blanco azulada
Proción	Can Menor	0,34	11,4	Blanco
Betelgeuse	Orión	0,58 var	450	Rojo
Altair	Aguila	0,77	16,8	Blanco
Aldebaran	Tauro	0,85	65	Anaranjado
Antares	Escorpio	1,09	520	Rojo

Los peregrinos que iban por el Camino aragonés oirían hablar de Petarruego. Este era el nombre que se le daba en esa región a la estrella Arturo o Arcturo, la más brillante de la constelación del Boyero. El nombre podía venir del verbo petar y de un adjetivo que hacía referencia al rojo. En efecto el color de esta estrella es tirando a anaranjado

Si se hace el Camino con una pareja cada uno puede elegir una estrella pero también se puede optar por elegir una estrella doble. Una estrella doble son dos estrellas que se ven desde la tierra muy próximas entre si, pero puede ser que sean dobles binarias, es decir, unidas gravitacionalmente o dobles ópticas. Estas últimas, aunque desde la tierra se vean próximas, en realidad en el espacio no lo están y no están unidas por la gravedad. Se cree que un porcentaje muy elevado de estrellas se encuentra en sistemas binarios. Un ejemplo de estrella binaria es *Gamma Delphini,* con sus dos estrellas Delphini A y Delphini B en la constelación del Delfín.

Formar una constelación

Para los peregrinos que viajen en grupo o que formen un pequeño grupo de amigos durante el Camino vamos a proponerles un juego: formar una constelación. También puede resultar un juego bonito para que lo proponga un hospitalero a un grupo de peregrinos que duerman en su albergue. ¿Cómo elegir la constelación? Para responder a la pregunta veamos de forma breve cual fue el origen de estas convenciones.

Los hombres del Paleolítico sintieron la necesidad de clasificar el cielo para conocerlo mejor. La clasificación es esencial en las ciencias y la astronomía es la ciencia más antigua. En las noches sin nubes y con la luz de la luna verían muchos puntos luminosos. Poco a poco, en un intento de ordenar el cielo, agruparon varías estrellas en una figura. De esta forma surgió el concepto de constelación. Serían muchos los intentos de agrupaciones diversas, pero solamente unas cuántas constelaciones han llegado hasta nosotros, aquellas que estaban muy definidas. Entre estas constelaciones se encuentran los doce signos del zodiaco.

Aunque no se tienen referencias históricas precisas de cuándo se formalizaron los signos del zodiaco parece que, en Mesopotamia, ya se hablaba de la constelación de Leo, de Tauro, etc. Se habían proyectado en el cielo figuras de animales a las que se acompañaba de leyendas.

En el siglo II d. C. Ptolomeo en su gran obra astronómica *Syntaxis matemática,* conocida tras sus traducciones árabes como el *Almagesto,* había identificado más de mil estrellas y cuarenta y ocho constelaciones. Las estrellas identificadas eran las que se podían ver desde Alejandría. La obra de este autor siguió vigente hasta el Renacimiento.

Las navegaciones en el siglo XVI por los mares del sur descubrieron a los europeos nuevas estrellas. En 1603 Bayer publicó *Uranometría,* el primer atlas astronómico que cubría toda la esfera celeste y en él que añadió doce constelaciones a las de Ptolomeo. También inició un cambio de tendencia para definir una constelación. Los antiguos las creaban con su imaginación uniendo estrellas mediante líneas imaginarias y asociando a esa reunión de estrellas bellas historias. Para Bayer, se trataba de dividir la bóveda celeste en zonas.

A finales de la década de 1920 la Unión Astronómica Internacional decidió dividir el cielo en 88 zonas o constelaciones de modo que cada estrella perteneciese a una constelación. Las constelaciones se pueden clasificar según su localización en la bóveda celeste en:

- Constelaciones circumpolares del norte: son las que se encuentran alrededor del polo norte celeste. Entre ellas están: Casiopea, Draco, la Osa Mayor y la Osa Menor, etc.
- Constelaciones del hemisferio norte: Andrómeda, Auriga, Hércules, Lyra, Pegasus, etc.
- Constelaciones ecuatoriales: son las que se encuentran sobre el ecuador celeste. Entre ellas están: Orión, Canis Minor, Ofiucus, etc.
- Constelaciones zodiacales: son las que se encuentran sobre la eclíptica. Son los signos del zodiaco: Aries, Tauro, Gemínis, Cáncer, Leo, Virgo, Libra, Escorpio, Sagitario, Capricornio, Acuario, y Piscis. Sus nombres aparecen diariamente en algunos periódicos y revistas en la sección de horóscopos.
- Constelaciones del hemisferio sur: Centaurus, Hydra, Lepus, Lupus, etc.
- Constelaciones circumpolares del sur: son las que se encuentran alrededor del polo sur celeste: Horologius, Hydrus, Indus, etc.

Los astrónomos profesionales nombran a los objetos celestes por sus coordenadas y prescinden más de las constelaciones pero estas siguen teniendo atractivo para los aficionados a mirar el cielo. No es fácil localizar las constelaciones sin ninguna referencia. Para situarse se aconseja localizar la Osa Mayor o el Carro Mayor que además tiene la ventaja de que se puede ver en el hemisferio norte durante todo el año. Es una de las constelaciones más antiguas. Homero, en el siglo VIII a. C., la nombra en el canto V de la Odisea cuando Ulises intenta guiarse por ella para llegar a Itaca. También se la nombra en la Biblia.

Con objeto de simplificar se consideraba que la Osa Mayor está formada por siete estrellas principales cuyo nombre se reproduce en la siguiente tabla. Las estrellas de una constelación, además de tener un nombre propio, se pueden nombrar con otras convenciones. Una de ellas, iniciada por Bayer, es acudir al alfabeto griego para designar las estrellas.

Tabla 6.7. Estrellas más importantes de la Osa Mayor

Nombre de la estrella	Nombre propio de la estrella	Magnitud aproximada
Alfa Ursae Mayoris	Dubhe	1,9
Beta Ursae Mayoris	Merak	2,4
Gamma Ursae Mayoris	Phegda	2,5
Delta Ursae Mayoris	Megrez	3,3
Epsilon Ursae Mayoris	Alioth	1,8
Zeta Ursae Mayoris	Wizar	2,1
Eta Ursae Mayoria	Benetnasch	1,9

Un posible criterio para que un grupo se identifique con una constelación es que el número de personas del grupo sea igual al número de estrellas principales de la constelación. Un grupo de siete peregrinos se puede asociar con la Osa Mayor. Lo lógico también es asociarse con una constelación que sea visible en el cielo nocturno cuando los peregrinos realicen el Camino. No obstante, como se trata de un juego, otra opción es que el grupo forme su propia constelación y una historia para esa constelación. Sería un recuerdo más para el Camino.

Visitar un planetario

Cuantos mayores sean tus conocimientos en cualquier aspecto, más disfrutaras en el Camino. Si dispones de tiempo puedes visitar un planetario antes del viaje. En los últimos años se inauguraron en España varios planetarios, entre ellos: en Madrid en 1986, en Castellón en 1991, en Cantabria en 1992, en Pamplona en 1993 y en Mallorca en 2003.

También se han creado museos de la Ciencia: museo de la Ciencia y el Cosmos de Tenerife en 1993, Parque de las Ciencias de Granada en 1995, Museo de la Ciencia y el Agua en 1996, Museo de las Ciencias de Castilla la Mancha en 1999, Museo Elder de la Ciencia y la Tecnología en las Palmas de Gran canaria en 1999, Cosmocaixa Madrid en 2000, Miramón Kutxaespacio de la Ciencia en San Sebastián en 2001, Museo de la Ciencia de Valladolid en 2003, etc.

Los peregrinos que realicen el Camino Francés pueden visitar en Pamplona su planetario que tiene una cúpula de veinte metros, una de las más grandes del mundo y en él que se puede ver magníficas proyecciones y exposiciones temporales. Una de las salas de conferencias de este planetario está dedicada a Abraham ibn Erza, uno de los sefarditas que más aportó a la historia de las matemáticas peninsulares medievales[4]. Nació en Tudela en el año 1090. En Tudela coincidió con uno de los traductores ingleses del árabe al latín más importantes, Roberto de Chester. Los constantes viajes de ibn Erza y su conocimiento de lenguas le permitieron llevar la cultura árabe a sus correligionarios. Se le atribuyen numerosas obras de aritmética, astronomía y astrología.

Observatorio astronómico de Ramón Aller
Santiago de Compostela

En Santiago de Compostela, si se dispone de tiempo, se puede visitar el observatorio astronómico de la Universidad dedicado a uno de nuestros más insignes astrónomos españoles Ramón María Aller (1878-1966).

Consejos para el Camino

Hay una serie de consejos generales para todos los peregrinos que se pueden consultar en el portal de la Federación de Asociaciones de los Amigos del Camino de Santiago. A ellos añado el siguiente que considero importante para prevenir futuras lesiones en los ojos. Es necesario protegerse la vista de los rayos del sol y ello requiere llevar unas gafas adecuadas que hayan recibido el visto bueno de un especialista. El color de las lentes debe tenerse en cuenta también. Cada persona puede necesitar o sentirse más cómoda con un color que con otro. Es necesario conocer las lentes protectoras más adecuadas para cada uno.

Pero el sol es tan intenso en el Camino que las gafas de sol no son suficiente. Hay que llevar un sombrero de ala ancha. A estos consejos generales vamos a añadir algunas sugerencias para disfrutar más del cielo en el Camino.

Caminar durante el crepúsculo astronómico

El crepúsculo es la claridad que hay desde que raya el día hasta que sale el sol y desde que éste se pone hasta que cae la noche. En el primer caso se dice que el crepúsculo es matutino y en el segundo que es vespertino[6].

Con intención de precisar se definieron tres tipos de crepúsculo: el astro nómico, el náutico y el civil.

a. Crepúsculo astronómico: Desde que el sol tiene una altura de -18° hasta la salida del sol. Con el sol a -18° se pueden ver a simple vista estrellas de sexta magnitud
b. Crepúsculo náutico: Desde que el sol tiene una altura de -12° hasta la salida del sol. En este intervalo de tiempo se pueden ver las llamadas estrellas náuticas que son estrellas de magnitud uno y dos empleadas por los marinos para situarse en alta mar. El listado de estas estrellas, algo más de cincuenta, incluye a estrellas tan conocidas como Aldebaran, Antares, Canopus, Arcturus, etc.
c. Crepúsculo civil: Desde que el sol tiene una altura de -6° hasta la salida del sol. Es el intervalo que en las ciudades no ha salido todavía el sol pero no se requiere iluminación artificial

En la bibliografía sobre el tema hay también un segundo criterio para clasificar los crepúsculos. En este segundo criterio las tres definiciones son las siguientes:

a. Crepúsculo astronómico: Desde que el sol tiene una altura de -18° hasta que tiene una altura de -12°.
b. Crepúsculo náutico: Desde que el sol tiene una altura de -12° hasta que tiene una altura de -12°.
c. Crepúsculo civil: Desde que el sol tiene una altura de -6° hasta la salida.

La duración de los crepúsculos depende de varios factores, entre ellos: la posición geográfica, la época del año y el tiempo atmosférico. Los peregrinos necesitan llegar a la meta de la jornada sin un excesivo calor. Suelen levantarse en verano durante el crepúsculo astronómico teniendo que llevar una linterna. Pero ello le permitirá contemplar el cielo nocturno, y contemplar el lucero del alba si es una época del año adecuada.

No perderse las salidas de sol singulares

Una de las sensaciones del Camino que no se olvidan es la de ver amanecer. Si se realiza el Camino Francés hay que tener en cuenta que desde Puente la Reina hasta Santiago de Compostela se camina siempre hacia el oeste en torno al paralelo 42° y algunos minutos. El sol sale en muchas ocasiones a espaldas del peregrino lo cuál le resulta cómodo para caminar.

La hora de salida del sol va variando cada día en función del calendario y en función del desplazamiento del peregrino. Si se camina en invierno o primavera la salida del sol se va adelantando cada día mientras que si se camina en verano y en otoño la salida se va retrasando. No obstante como el peregrino camina hacia el oeste en determinadas épocas del año el sol saldría para él a la misma hora civil aproximadamente.

Encarnación Vázquez y José María Novillo, dos peregrinos que han hecho el Camino en numerosas ocasiones, destacaron estas salidas[7]:

a. La etapa del Camino que tiene su salida en Castrojériz, provincia de Burgos. Al salir de esta población durante el crepúsculo se puede ver una doble salida del sol. La primera cuando se sube el pronunciado ascenso de la costa de Mostelares. Aquí se ve el rojizo de la difracción. Al alcanzar la meseta y atravesarla en dirección a Occidente, hay un breve y vertiginoso descenso hacia la fuente del Piojo. Aquí se vuelve a ver la salida del sol.
b. La salida del sol entre las nubes en algunos lugares privilegiados del Camino. Uno de ellos es la salida del Cebreiro cuando se ve el mar de nubes en los valles y otro es la salida de Sarria subiendo hacia Barbadelos. Una propuesta es investigar amaneceres en los más de treinta Caminos que hay actualmente señalizados hacia Santiago de Compostela.

En la actualidad existe una aplicación en los teléfonos móviles que te da la hora de salida del sol en un lugar determinado y te puede servir para programarte y disfrutar de las salidas del sol en los lugares elegidos.

Medir la sombra en el Camino

Poco tiempo después de salir el sol el peregrino comienza a observar su sombra y la sombra de su bastón. Los europeos nunca hemos dado importancia a nuestra sombra pero otras culturas, en otros continentes, si lo han hecho. Pueblos africanos, entre ellos los negros semang, creían que la sombra era una especie de segunda naturaleza de los seres humanos. Esta creencia la compartían los indios del norte de Canadá para los que la sombra y el alma de una persona se separan en el momento de la muerte; el alma se dirige hacia el oeste y la sombra permanece de algún modo cerca de la sepultura. El alma puede volver y unirse a la sombra para formar un nuevo ser. También es digno de resaltar que en varias lenguas de los indios de América del sur empleaban la misma palabra para el concepto de alma y el de sombra[5].

¿Es consciente el peregrino de su sombra? ¿Reflexiona sobre ella? ¿La ha medido en alguna ocasión? La sombra ejerce diversas funciones en la vida del peregrino:

a. Es una compañía en el Camino. En la actualidad una gran mayoría de peregrinos viaja solo o acompañado como máximo de dos personas, como se puede ver en la siguiente tabla correspondiente a los datos de la Federación en el año 2011

Tabla 6.8 Número de personas con las que se peregrina

Número de personas	**Proporción**
Entre 1 y 3	76,36%
Entre 4 y 6	16,21%
Entre 7 y 10	4,82%
Entre 11 y 20	1,11%
Más de 20	1,05%
No respondieron	0,45%

Aunque se viaje en compañía una gran mayoría de peregrinos camina en solitario por elección. En esa soledad su sombra le acompaña.

b. Es una vivencia que tienen en común los peregrinos de todas las épocas. Muchos son los factores que diferencian la peregrinación medieval de la del siglo XX. Ésta es también diferente de la del siglo XXI por la incorporación de Internet al móvil. Pero hay algo que iguala a los peregrinos de todas las épocas: el ir acompañados de su sombra.

c. La sombra sirve para estimar la hora. Si en el entrenamiento previo ha medido la longitud de su sombra a lo largo de las distintas horas del día puede ir comprobando en el camino si su estimación de la hora a través de la sombra coincide con la hora que le marca el reloj. Tiene que tener en cuenta la diferencia entre la hora civil y la hora solar.

Los más perfeccionistas pueden aprovechar para medir la propia sombra y la del bastón. Si la medición se hace a la misma hora civil y en la misma orientación se pueden ir percibiendo pequeñas diferencias al ir recorriendo el Camino en función de las coordenadas geográficas y del paso de los días. De alguna manera el peregrino se podría reinterpretar como un reloj de sol móvil en el Camino.

Reloj de sol de Tineo en el Camino del Norte

Hay muchos monumentos dedicados al peregrino en los distintos caminos. Hemos elegido uno en la localidad de Tineo en la provincia de Asturias en el Camino del Norte para simbolizar la idea del peregrino como reloj de sol. Otro aliciente en el Camino es fotografiar los numerosos relojes de sol de diferentes épocas que se encuentran en la ruta.

Grabar, al menos, una puesta de sol

Para los peregrinos medievales, como para los actuales que pueden ir, la puesta de sol más importante era la que se podía observar desde Finisterre, a 85 km de Santiago de Compostela. En la antigüedad se creía que era el punto más hacia el oeste en la Península Ibérica. Ahora bien, ¿es verdaderamente Finisterre es el punto más hacia el oeste en las tierras gallegas? ¿Y en la Península Ibérica? La respuesta es negativa. Muy cerca de Finisterre, hacia el norte, se encuentra el Cabo Touriñán que está más hacia el oeste.

En la Península Ibérica el punto que está más hacia occidental es el cabo de la Roca. Este cabo está situado en Portugal a unos cuarenta km. de Lisboa. Sus coordenadas se hallan inscritas en una placa. En la tabla se exponen las coordenadas de estos lugares

Tabla 6.9 Coordenadas geográficas de los puntos más occidentales

Lugar	Latitud	Longitud
Finisterre	42º, 5522, 28" N	9º, 17',29 " O
Cabo Touriñán	43º. 4´022 N"	9º 18',18" O
Cabo de la Roca	38º, 46´,51" N	9º, 29´, 54" O

El Cabo de la Roca en Portugal tiene de longitud 9º , 30',00''[8].

Observar la Vía Láctea

Por las noches los peregrinos se suelen acostar pronto para poder levantarse temprano pero uno de los espectáculos que no se deben perder es la contemplación de las estrellas en alguna jornada en los pueblos con poca contaminación lumínica. En una noche de julio se puede observar la Osa Mayor a poniente, la estrella Vega y al otro lado de la Vía la estrella Altair, la constelación de Sagitario,... y la inconfundible Vía Láctea.

Constelación de Orión. Fotografía de Jesús Salas Parrilla

Con la aplicación Stellarium en tu móvil puedes simular el cielo en ese momento lo que te puede ayudar a localizar las estrellas más brillantes.

En cuanto a la Vía Láctea existe en Méjico entre los indios zuni una cofradía que se llama la Vía Láctea y en la que se adora a ciertas diosas de la naturaleza, entre ellas una diosa de las mariposas, de las flores y de la primavera. Los integrantes de esta cofradía organizan fiestas en las que, al parecer, cometen grandes exceso[9].

En un apartado anterior se comentaba la idea de que un grupo de peregrinos se asociase con una constelación. En un pasado remoto puede que verdaderamente durante las noches de luna llena un grupo de personas danzase siguiendo en la tierra el dibujo de una determinada constelación en el cielo e incluso que realizasen algún tipo de máscara para ese ritual. El uso de las máscaras sabemos que se remonta a una antigüedad muy lejana.

Dejar testimonio de tus vivencias

Muchos peregrinos confiesan que la vida les cambió en algún aspecto tras el Camino. Ese es el gran premio el Camino. Tres cuestiones son esenciales después del viaje: conservar los amigos, compartir las vivencias y seguir el contacto con el Camino.

Los testimonios que los peregrinos dejan en Internet después de su viaje en páginas web y en blogs son muy diversos. Algunos crean unas páginas web muy completas que son auténticas guías para futuros caminantes. Otros crean videos y los suben a You Tube. Llama la atención el alto número de visitas que han recibido algunos videos. Como sugerencia se puede enfatizar entre tus recuerdos aquellos que hacen referencia al cielo del Camino. Ellos aportarán nuevas posibilidades a los peregrinos.

El meteorito de Reliegos

Una vivencia muy poco probable es la de encontrar un meteorito en el Camino, no obstante podría suceder. Desde la antigüedad los hombres han visto caer desde el cielo e incrustarse en la tierra una especie de piedras y han buscado explicaciones para ello. La piedra que está en el templo de Apolo conocida como "ombligo del mundo" es un meteorito. Los griegos creían que había sido lanzado a la tierra por el dios Cronos al crear el mundo. Aunque no se ha realizado ningún estudio también se cree que es un meteorito la Piedra Negra que se encuentra en la Kaaba en la mezquita de Masjid al Haram de la Meca. Los musulmanes creen que esta piedra fue entregada a Abraham por el arcángel Gabriel.

Aristóteles opinaba que las piedras no pueden caer del cielo y su autoridad era tal que los científicos no se atrevían a pensar lo contrario. Tuvieron que pasar más de dos mil trescientos años para contradecirle. El físico alemán Ernst Chladhl estudió un meteorito de hierro de 700 kg aproximadamente encontrado en Siberia. La composición de este meteorito era similar a la de otros encontrados en zonas muy distantes de allí y en lugares dónde no había hierro. Llegó a la conclusión de que los meteoritos habían caído del espacio. Esta propuesta fue muy discutida en la época porque se seguía creyendo en el origen volcánica de los meteoritos. A consecuencia de ello tuvo que soportar, al igual que otros muchos descubridores, burlas.

El 28 de diciembre de 1947, día de los Inocentes, a las ocho de la mañana, cayó en la calle principal de Reliegos del Camino,en la provincia de León, un meteorito[10]. Los habitantes del pueblo al escuchar el impacto pensaron que se había estrellado un avión y posteriormente que era una bomba lo que había caído. El meteorito cayó cercano a la casa de una vecina Ramira Santa Marta que siempre ha dado testimonio de la caída.

Fue Rodríguez Arango, el ingeniero jefe del distrito minero de León quién lo identificó como un meteorito. Cortó la roca en varios fragmentos que repartió entre diversas instituciones. Una de ellas fue el Museo Geominero.

Meteorito de Reliegos

El meteorito fue clasificado como una contrita que son los meteoritos mas frecuentes.

En el año 2004 parte de este meteorito que pesaba entonces 620 gramos fue estudiado por Rafael P. Lozano del Museo Geominero y Ángel Tomas Crespo de la Universidad Rey Juan Carlos. El meteorito se encuentra en el Museo de Ciencias Naturales de Madrid.

Este meteorito tiene un cóndrulo, de apenas un milímetro de diámetro, pero que tiene interés para comprender el sistema solar por los valores de presión y temperatura que alcanzó al entrar en la atmósfera.

Los vecinos de Reliegos quieren poner en valor su meteorito para lo cuál intentan que se cree un pequeño museo en la localidad.

No todos los peregrinos que van a Santiago por el Camino Francés pasan por Reliegos. Para pasar por allí los peregrinos tienen que tomar una decisión cuando llegan a Calzada del Coto porque aquí el Camino se bifurca en dos ramales hasta llegar a Mansilla de las Mulas.

Un ramal, El Real Camino Francés, dedicado exclusivamente a los peregrinos, pasa por Bercianos del Real Camino que es un municipio pequeño, El Burgo Raneros, Reliegos y desde allí llega a Mansilla de las Mulas. El Burgo Raneros fue un "burgo" de Sahagún y durante muchos siglos su única calle se llamó "Camino Francés". Doménico Laffi, un peregrino del siglo XVII que escribió un diario de su viaje a Santiago describe algunas edificaciones del Burgo de forma similar a las pallozas gallegas. La antigüedad de Reliegos no se conoce con exactitud pero en el medievo su Calle Real era calle de peregrinos. Por este ramal se entra en Mansilla por la puerta meridional, conocida como Puerta de Santiago, aunque en la actualidad está prácticamente destruida.

El segundo ramal se conoce como *Calzada de los Peregrinos* y es una antigua vía romana. Por esta calzada los peregrinos encuentran un único pueblo Calzadilla de los Hermanillos. Los que llegan por este ramal penetran en Mansilla por otra puerta, el Arco de la Concepción[11].

La Vía Láctea en las calles del Camino

Parecería lógico que algunos de los pueblos por los que pasa el "Camino de las estrellas" llevasen el nombre de algún astro. Si buscamos localidades que hagan referencia a alguna estrella en torno al paralelo 42º encontramos, al otro lado de los Pirineos, el Pic d´Estelle (Pico de la Estrella) y el monte de las tres estrellas. En Navarra el topónimo Estella parece ser que alude a estrella, ya que esta localidad se construyó en lo que era Lizarra, que en vasco significa estrella. En el escudo de Estella vemos una estrella geométrica de ocho puntas. Algunos estudiosos creen que la estrella de ocho puntas en la antigüedad se asociaba con el culto al sol.

Más allá de León está Liciella y en Galicia Aster. Son pocos topónimos para la "ruta de las estrellas".

Los peregrinos mientras recorren el Camino cuando atraviesan pueblos y ciudades pueden tener una nueva distracción: buscar todos los rótulos en los que aparezca "La Vía Láctea" o bien el nombre de alguna estrella. Para los no peregrinos Google puede ayudar. ¿Dónde buscar los rótulos? Una primera sugerencia es en el nombre de las calles. Sería curioso que no existiesen calles en el Camino Francés que se llamasen así.

Si buscamos en Google calles que se llamen así vemos que hay calles en muchas localidades españolas, entre ellas: Madrid, Zaragoza, Valladolid, Denia, Benicasim, Trobajo del Camino... Esta última localidad se encuentra en el Camino Francés a la salida de León capital. Tras pasar el Hostal San Marcos y atravesar el río Bernesga se llega muy pronto hasta este pueblo que no solamente tiene una calle que se llama Vía Láctea sino que también tiene calles que se llaman El Sol, La luna, Marte y Mercurio.

Escudo de Estella en la Biblioteca Pública de Estella

El nombre de Trobajo parece ser que proviene de un judío medieval que vivía en esta zona según el estudio "La judería en la ciudad de León" realizado por Justiniano Rodríguez. Lo cierto es que por aquí han pasado miles de peregrinos a lo largo de los siglos. Existía un hospital, un albergue y un ermita sufragadas por la Cofradía de Santiago. Al revitalizarse la peregrinación hace unos años el pueblo ha llamado a una de sus calles "Calle de los peregrinos" Parece indudable la vocación jacobea de este pueblo que vincula la Vía Láctea a sus calles.

También se puede ir localizando hoteles y restaurantes que se llamen así. En Burgos, por ejemplo hay un hostal que se llama Vía Láctea, en Arzua en la Coruña un albergue también con este nombre y en un polígono industrial de Santiago de Compostela hay un restaurante casero con este nombre. Pero no están en el Camino.

Capítulo 7

Midiendo el universo en Caminos de Santiago

Unidades de distancia en astronomía

Las distancias que existen en nuestro universo son tan enormes que resulta difícil imaginarlas. Las unidades que más se emplean en astronomía para medir esas distancias son: el kilómetro, la unidad astronómica, el año luz y el pársec.

El kilómetro equivale a 1000 metros. Su símbolo es km sin admitir la s para el plural ni el punto después de la m salvo que sea al final de una frase. La distancia de la tierra a la luna es de 380.000 km aproximadamente.

La unidad astronómica es una unidad de longitud que hace referencia a la distancia media entre la tierra y el sol. El origen de esta definición se remonta, al menos al siglo XVI, como lo prueba el hecho de que Copérnico empleó este concepto para comparar las distancias de los planetas, entonces conocidos, al sol.

La distancia de la tierra al sol no es siempre la misma puesto que la orbita es elíptica y no circular. En el afelio, es decir en la máxima distancia, ésta es aproximadamente de 152 millones de km y en el perihelio, la mínima distancia es de 147 millones de km. En la asamblea general de la Unión Astronómica Internacional del año 2012, el valor dado a la unidad astronómica (que abreviadamente escribiremos UA) es 149.597.870,7 km. Este número es difícil de recordar, por ello, en divulgación científica se admite tomar la UA = 150. 000. 000 km = $1,5 \times 10^8$ km.

La última expresión está en notación científica. Un número se escribe en notación científica de la forma $a \times 10^n$, siendo a un número real mayor o igual que 1 y menor que 10 que recibe el nombre de coeficiente, y n es un número entero que recibe el nombre de exponente o magnitud.

La unidad astronómica se emplea para medir la distancia del sol a los planetas. La distancia del sol a la tierra es de una U.A.

El año luz es la distancia que recorre la luz en un año solar medio. Un año luz = 9.460.730.472.580 km; para recordar este número más fácilmente se toma un año luz= 9.460 miles de millones de km = 9, 46 x 10^{12} km También se emplean en divulgación científica el minuto luz y el segundo luz. El año luz carece de símbolo consensuado pero en español se emplea, a veces como abreviatura, al. También algunos divulgadores emplean las letras a o l.

La distancia entre el sol y la estrella más cercana que es Próxima Centauri es de 4,2 años luz. La estrella Sirio, una de las más conocidas del firmamento (en la actualidad se sabe que es una estrella binaria) dista 8,6 años luz. La Vía Láctea tiene un diámetro de unos 100.000 años luz.

El pársec (su símbolo es pc) es una unidad de longitud que no se suele emplear en divulgación. Su nombre proviene del inglés *parallax of one second* y hace referencia al paralaje de una estrella de un segundo de arco.

En el dibujo se puede entender mejor la definición de parsec. El punto P representa una estrella. En el triángulo rectángulo de vértices los puntos P, el sol y la tierra, la distancia del punto P al sol es de 1 parsec si el ángulo en P (el paralaje) es de un segundo de arco.

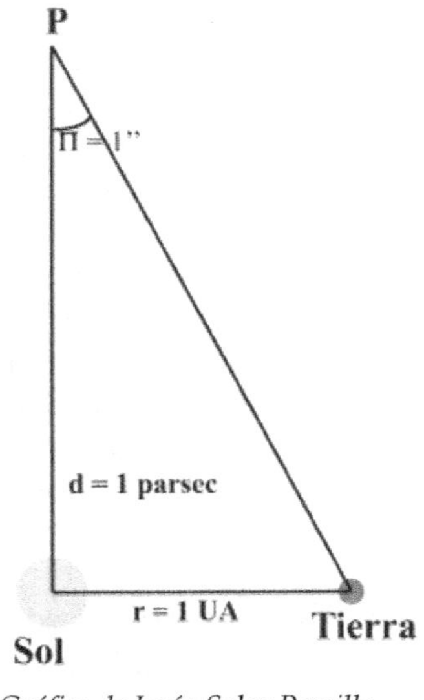

Gráfico de Jesús Salas Parrilla

Teniendo en cuenta la definición de tangente trigonométrica de un ángulo agudo en un en un triángulo rectángulo = cateto opuesto al ángulo /cateto contiguo se tiene que:

Tang de 1 segundo de arco = 1UA/d

despejando d se tiene:

d= 1 UA/ tang (1″ de arco)

El valor de la tang(1″ de arco) = 5x 10^{-6}. Este no es un valor exacto sino aproximado tomado del texto de *Astronomía Moderna* **de** Oster[1] y que tiene la ventaja de expresarnos el pársec como un múltiplo entero de la UA

1 pársec= d= 1 UA / 5 x 10^{-6} = 2 x 10^{5} UA

Por otra parte, un pársec equivale a 3,26 años luz. Los múltiplos del pársec que más se emplean son el Kiloparsec (kpc) = 10^3 pársec y el Megapársec (Mpc) = 10^6 pársec.

La mayoría de las galaxias tienen un diámetro que oscila entre los cien y los cien mil parsec y están separadas por distancias que se estima son de un millón de parsec.

Resumimos los valores anteriores expresando las diversas unidades astronómicas en kilómetros.

Una unidad astronómica ≈ 1,5 x 10^8 km.
Un año luz ≈ 9,46 x 10^{12} km.
Un pársec = 1 pc ≈ 2 x 10^5 UA ≈ 2x 10^5x 1,5 x 10^8 km = 3 x 10^{13} km.

Cada una de las unidades de distancia es apropiada para una determinada longitud en el universo. No tendría sentido medir la distancia entre la tierra y la luna en años luz. La distancia entre la tierra y la luna, que es aproximadamente de 380.000 km, tiene sentido medirla en km. En el siguiente cuadro se propone la unidad de medida de distancia propuesta entre las distintas partes del universo; en ocasiones, se pueden emplear dos unidades diferentes, una para el público en general y otra para los profesionales de la astronomía.

Tabla 7.1 Unidades de longitud empleadas en astronomía

Medida de distancias entre	**Unidad de medida de longitud que se debe emplear**
Tierra-Luna	Kilómetros
Sistema Solar	Millones de kilómetros Unidades astronómicas
Vía Láctea	Años luz. Pársec.
Universo	Millones de años luz. Pársec

Ley de Titius -Bode

A mediados del siglo XVIII el sistema heliocéntrico estaba totalmente admitido. Los planetas entonces conocidos que giraban alrededor del sol eran: Mercurio, Venus, la Tierra, Marte, Júpiter y Saturno. Los astrónomos se planteaban encontrar una fórmula que sirviese para recordar las distancias de los planetas al sol. En el año 1776 Johann Daniel Titius propuso una ley que fue muy difundida, siendo uno de sus mayores defensores y comunicadores el director del Observatorio Astronómico de Berlín, Johann Elert Bode; de ahí el nombre de ley de Titius-Bode con la que se conoce.

La ley se puede formular de varias formas equivalentes entre si. Una de ellas es:

D= 0,4 + 0,3 x k tomando k los valores 0, 1,2, 4, 8, 16, 32. El valor k=0 corresponde a Mercurio, k=1 a Venus, k=2 a la tierra, k=8 a Marte, k= 16 a Júpiter y k= 32 a Saturno. Se observa que en la ley no hay ningún planeta para el valor k=4.

En el año 1796 Herschell descubrió Urano. La distancia de Urano al sol era de 19, 18 UA y según la ley para k= 64 sale 19,6 UA. Los astrónomos de aquel tiempo pensaron que esto era un espaldarazo a la ley y les daba pistas para buscar un planeta entre Marte y Júpiter. En el año 1796 se celebró un congreso en Gotta en Alemania y en él, el francés Lalande animó a sus colegas a buscar el planeta. El alemán von Zach organizó un equipo de veinticuatro astrónomos que se llamaban "la policía celestial de Zach" que comenzaron a estudiar el cielo a la distancia de la fórmula. Cada uno de los 24 astrónomos tenía asignado 15º de cielo para su estudio[2].

Johann Daniel Titius

El uno de enero de 1801 Giuseppe Pazzi, que no pertenecía al equipo de la policía celestial, tuvo la suerte de encontrar un cuerpo a distancia 2,77 UA que pensó era el planeta buscado y le dio el nombre de Ceres, diosa de la agricultura; comunicó su descubrimiento a von Zach. No obstante, Ceres era un cuerpo muy pequeño, mucho más pequeño que la luna y esto, en opinión de algunos astrónomos de prestigio como Herschell, no le hacia digno de ser considerado planeta.

Poco tiempo después Olbers encontró en la misma región otro objeto pequeño al que llamó Palas. Este descubrimiento desconcertó a los astrónomos pues, según la ley de Titus, se pensaba encontrar un cuerpo pero no dos, aunque Palas era todavía más pequeño que Ceres. Con el propósito de mantener la ley se pensó que Palas y Ceres serían fragmentos de un planeta que se había roto. Herschell propuso que se les denominase asteroides. Pocos años después se descubrieron otros dos objetos similares a los que se llamó Juno y Vesta. Al ir mejorando los telescopios se fueron descubriendo nuevos asteroides.

En la actualidad recibe el nombre de cinturón de asteroides una región del sistema solar entre las órbitas de Marte y Júpiter que contiene multitud de objetos irregulares de masa pequeña llamados asteroides o planetas menores; de todos ellos él que tiene más masa es Ceres que posee un diámetro de 950 km. En el año 1923 el número de asteroides conocidos sobrepasaba los 1.000 y en el año 2010 el número era superior a 500.000.

La ley de Titius que había hecho avanzar la investigación a finales del siglo XVIII sufrió un revés cuando se descubrió Neptuno. Según la ley tendría que distar 38,8 UA y la realidad es que dista 30,06 UA. A partir de entonces la ley se utiliza en plan nemotécnico pero ya no se cree en su generalidad.

Tabla 7.2 Ley de Titius-Bode para el sistema solar

Planeta	**K**	**Distancia según ley T-B D= 0,4+0,3x k**	**Distancia real(UA)**	**Error cometido %**
Mercurio	0	0,4	0,39	2,5%
Venus	1	0,7	0,72	2,78%
Tierra	2	1	1	0%
Marte	4	1,6	1,52	5,3%
Ceres (C. asteroides)	8	2,8	2.77	1,1%
Júpiter	16	5,2	5,2	0%
Saturno	32	10	9,54	0,55
Urano	64	19,6	19.18	2%
Neptuno	128	38,8	30,06	29,08%

Otra estimación de las distancias de los planetas al sol

El intento de encontrar reglas, que ayuden a recordar la distancia de los planetas al sol, ha continuado en la divulgación científica. El astrofísico Juan Fernández Macarrón publicó en el año 2009 un libro titulado *La Galaxia en un campo de futbol.* En él expone un método sencillo para recordar la distancia aproximada de los planetas al sol, desde Júpiter a Plutón, teniendo en cuenta solamente dos datos[3]:

- Estimar la distancia de la tierra a Plutón en 40 UA La distancia real es de 39,5UA pero emplear números enteros facilita el recuerdo.
- Emplear la regla de la mitad o de estar en medio. Esta regla se debe emplear para todos los planetas exteriores excepto para Marte que la incumple claramente. Si se coloca en un folio el Sol a la izquierda y Plutón a la derecha, en medio irá Urano. Entre Urano y Plutón a la mitad aproximadamente irá Neptuno. Entre el Sol y Urano a la mitad está aproximadamente Saturno. Entre el Sol y Saturno se encuentra Júpiter aproximadamente a la mitad.

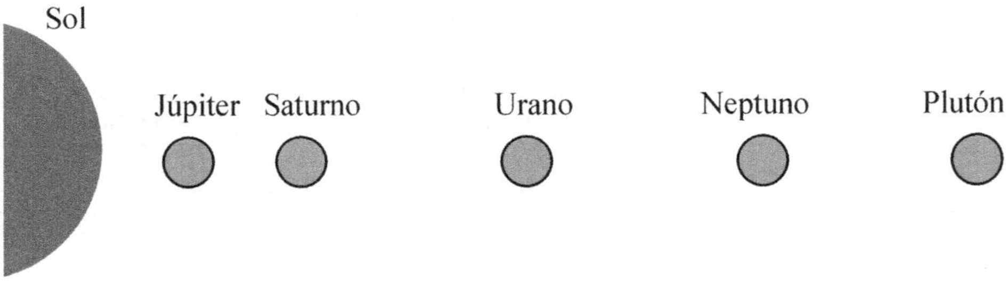

Gráfico de Jesús Salas Parrilla

Hay que hacer la observación de que el dibujo no refleja la proporción relativa del tamaño de los planetas.

Simplemente con aprendernos un solo número, la distancia del sol a Plutón, y la regla, somos capaces de situar el resto de los planetas.

Para continuar con la regla de la mitad nos podemos preguntar ¿Qué hay a mitad de distancia del sol a Júpiter? Se podría considerar que el cinturón de asteroides. Se puede preguntar ¿qué pasa con Marte? La regla de la mitad nos llevaría a situar a Marte a 1, 25 UA siendo su valor real de 1,5 UA. El resto de los planetas ya incumple claramente la regla de la mitad.

Tabla 7.3 Distancia de los planetas al sol según la regla de la mitad

Distancia del sol a:	En UA	Estimación para recordar(en UA)
Júpiter	5.2	5
Saturno	9,5	10
Urano	19,2	20
Neptuno	30,1	30
Plutón	39,5	40

Juan Fernández Macarrón también propone en este libro imaginar la Vía Láctea como un campo de futbol de 100 metros de longitud. En este campo de futbol, el sistema solar, nosotros, estaríamos a una distancia de 30 metros del centro del campo.

Una nueva unidad astronómica para los peregrinos

Al leer el libro de Fernández Macarrón pensé en buscar una medida de longitud en el Camino de Santiago que sirviese a los peregrinos para comprender las distancias en el universo, y el tiempo y el esfuerzo que les supondría moverse por el sistema solar.

Cuando se habla de Camino de Santiago en singular se está haciendo referencia al Camino Francés en España. Este Camino se encuentra fijado parcialmente en el capítulo II del libro V del *Códice Calíxtino*, que es la guía del peregrino más antigua de Occidente. En este capítulo titulado *De las Jornadas del Camino de Santiago* se dice que desde Somport hasta Puente la Reina hay tres jornadas que forman la vertiente aragonesa: Borce-Jaca- Monreal-Puente la Reina. En la vertiente navarra hay trece jornadas: Saint Michael-Viscarret-Pamplona-Estella-Nájera-Burgos-Frómista-Sahagún-León-Rabanal-Villafranca-Tracastela-Palas-Santiago. Ambas vertientes se unen en Puente la Reina formando desde allí un único Camino[4]. En el capítulo IV, al comentar que el Camino pasa por Atapuerca, se ha reproducido un esquema con los nombres de estas jornadas.

¿Cuánto mide este Camino? La medida es diferente si se toma la vertiente navarra o la aragonesa siendo ésta última un poco más larga. El número de peregrinos por la vía navarra es muy superior al de la vía aragonesa. Esto ha sucedido desde la Edad Media porque, según el *Códice Calixtino*, tres de las cuatro rutas francesas entraban por la vía navarra, luego se podría identificar el Camino Francés con su vertiente navarra.

En el momento en que se escribió el *Códice Calixtino* no se sabe cuál era la longitud del Camino Francés, puesto que el trazado de la ruta no coincidía totalmente con el trazado actual. En la actualidad la vertiente Navarra desde Saint Jean Pie de Port hasta Santiago de Compostela tiene 775 km aproximadamente. Hay que hacer la observación de que no todas las guías de viajes dan el mismo número de kilómetros.

Desde Saint Jean Pie de Port hasta Roncesvalles hay aproximadamente 25 km, luego el Camino Francés en la vertiente Navarra desde Roncesvalles tiene aproximadamente 775-25 = 750 km. Este número nos va a proporcionar una bonita sorpresa. En efecto, la unidad astronómica, que podemos estimar en 150.000.000 km, es ¡múltiplo de 750! Si dividimos 150.000.000 entre 750 nos da 200.000. Es una bonita casualidad que nos haya quedado un número entero tan fácil de recordar. Luego:

Una unidad astronómica ≈150.000.000 km ≈ 200.000 veces el Camino de Santiago Francés desde Roncesvalles a Compostela.

A partir de ahora se sugiere utilizar una nueva unidad de longitud para medir distancias en el universo, dicha unidad se simboliza por CSFR (Camino de Santiago Francés desde Roncesvalles), por tanto, se tendrá que:

- De Santiago a Roncesvalles
  CSFR= 750 km.
  1 UA ≈ 200.000 CSFR = 2×10^5 CSFR.

Roncesvalles no es final de ninguna de las etapas del *Calixtino* pero si se le nombra en el capítulo III *De los nombres de los pueblos por los que pasa el Camino* y tiene la suficiente entidad para ser elegido principio de nuestra unidad de medida.

Después de estos cálculos se puede hacer la siguiente pregunta ¿qué error absoluto y relativo se comete al tomar la siguiente equivalencia? Si 1 UA=149.597.870,7 km: y se divide este valor entre 750 km del CSFR, da como resultado 199.463, en lugar de 200.000.

EL error absoluto es la diferencia entre ambos valores tomada esta diferencia con signo positivo, luego la diferencia entre expresar en CSFR el valor de la UA en divulgación y el que emplean los profesionales es de 200.000 -199.463= 537.

Cruz de los peregrinos. Roncesvalles

El error relativo, que es el que importa cuando los números son tan grandes, es el cociente entre el error absoluto y el valor real. En nuestro caso Error relativo = 537/199.463 = 0,00269; si este valor lo multiplicamos por 100 para expresarlo en tantos por ciento Error relativo= 0,269%.

Si bien es cierto que la longitud del Camino de Roncesvalles a Santiago no es exactamente 750 km el error cometido es pequeño por lo que se puede seguir con el juego. Veamos ahora cuál es la expresión en Caminos de Santiago de las otras dos unidades de longitud empleadas es astronomía: el año luz y el pársec.

Un año luz = 9.460.730. 472. 580 km. Si dividimos este número entre 750 queda 12.614.307.297 prescindiendo de los decimales. Para expresar este número en notación científica podemos truncar o redondear. Si trucamos nos quedamos con la primera cifra decimal y prescindimos del resto. En este caso 1 año luz = $1{,}2 \times 10^{10}$ veces la longitud del Camino Francés desde Roncesvalles.

Si redondeamos, 1 año luz = $1{,}3 \times 10^{10}$ CSFR. Al redondear hemos tomado 1,3 en lugar de 1,2 ya que la cifra que sigue al dos es un 6.

1 año luz $\approx 1{,}2 \times 10^{10}$ CSFR si truncamos
1 año luz $\approx 1{,}3 \times 10^{10}$ CSFR si redondeamos

Un astrónomo riguroso puede decirnos que existe diferencia entre truncar y redondear, pero es una bonita casualidad el que nos haya quedado en ambos casos al escribir el número en notación científica, un orden de magnitud 10 ya que 10^{10} es fácil de recordar.

El pársec es una unidad que no se emplea en divulgación, pero sigamos con el juego

1 pársec ≈ 2 x 10^5 unidades astronómicas = 200.000 UA
≈200.00 x 2x 10^5 CSFR = 4 x 10^{10} CSFR

Luego, las cuatro unidades que más se emplean en astronomía al expresarlas en CSFR dan unos números sencillos de recordar y lo que es más asombroso al expresar el año luz y el pársec en notación científica el exponente es diez, el número sagrado de los pitagóricos. Los pitagóricos desconocían el sistema de numeración decimal y la escritura de un número en notación científica que se ha popularizado recientemente, pero, es pensable que les hubiese gustado que en el exponente apareciese un número que consideraban perfecto.

Resumiendo, si expresamos las cuatro unidades de distancia que se emplean en astronomía en CSFR(Camino de Santiago Francés) tenemos:

1 km ≈ (1 + ¼) CSFR = 1,25 CSFR
UA ≈ 200.000 CSFR ≈ 2 x 10^5 CSFR
Año luz ≈ 1,2 x 10^{10} CSFR si truncamos
Año luz ≈ 1,3 x 10^{10} CSFR si redondeamos
Pársec ≈ 4x 10^{10} CSFR[3].

Los amantes de los diversos caminos a Santiago diferentes al Camino Francés pueden buscar la localidad de su Camino que dista aproximadamente 750 km de Santiago. Se podrían crear de esta forma distintas unidades, una para cada uno de los Caminos y poner una señalización indicando esta idea.

Midiendo el universo en Caminos de Santiago (CSFR)

Como se han calculado todas las unidades de distancia astronómicas en esta nueva unidad de distancia, el CSFR, cualquier distancia en el universo puede, a partir de ahora, expresarse en ella. Se puede utilizar el Camino para comprender más fácilmente las distancias a la luna, el sol, los planetas y a algunas estrellas muy luminosas[5].

Distancia a la luna y el sol

La distancia de la tierra a la luna es de aproximadamente 380.000 km. Si dividimos 380.000:750=506,66 luego aproximadamente ir de la tierra a la luna equivale a realizar quinientas veces el CFSR. La distancia de la tierra al sol ya hemos visto que es de 200.000 CSFR.

Si se realizase una encuesta por la calle preguntando a los ciudadanos cuántos días tardarían en llegar de la tierra a la luna y de la tierra al sol se obtendrían respuestas curiosas porque se extrañarían de la pregunta. Las personas que quisieran responder probablemente sacasen el móvil para buscar en Internet las distancias correspondientes, calcularían lo que son capaces de caminar en un día y harían la división.

Tabla 7.4 Estimación distancias a la luna y al sol

Distancia	**km**	**CSFR**
Tierra-Luna	380.000	500
Tierra-Sol	150.000.000	200.000

Si por casualidad se preguntase a un peregrino nos respondería más fácilmente porque sabe cuántas jornadas necesita para hacer el CSFR y el cálculo es tan sencillo que no necesita calculadora. Si tarda 30 días en hacer el CSFR tardaría: 30 x 500 = 15.000 días aproximadamente en hacer una distancia equivalente a la que hay entre la tierra y la luna; y 30 x 200.000 = 6.000.000 días para hacerse la distancia equivalente a la que hay entre la tierra y el sol.

En fin, que no es solamente la gravedad la que nos impide esta peregrinación sino que necesitaríamos muchas vidas. No obstante, hay peregrinos más rápidos. En el capítulo II de la guía del *Códice Calixtino* se dice que desde el Port de Cize hasta Santiago hay 13 jornadas. El Port de Cize es el puerto que comunica el valle francés de Cize con el español de Roncesvalles. Algunas jornadas son tan largas que el *Calixtino* nos dice que hay que hacerlas a caballo; por ejemplo, la que va desde Estella hasta Nájera o la siguiente, desde Nájera hasta Burgos.

En el año 2013 cuatro peregrinos, Fernando Gimeno, José María Franco, Kevín López y Francisco García Mascarell, han realizado la proeza de hacer el Camino francés navarro en las 13 etapas del Códice. Llevaban un coche de apoyo para no ir muy cargados con el equipaje. Siguiendo con nuestras especulaciones ellos solamente tardarían 13 x 500 = 6500 días en llegar a la luna y 13 x 200.000 = 2.600.000 días en llegar al sol. Ello supondría demasiados años todavía.

Distancia del sol a los planetas

Para expresar la distancia del sol a los planetas en CSFR podemos emplear el modelo de Fernández Macarrón visto anteriormente y, en el caso de los planetas que no la cumplen que son Mercurio y Venus, la aproximación dada por la regla de Titius-Bode. Combinando ambos modelos se propone la siguiente tabla

Tabla 7.5 Estimación de la distancia del sol a los planetas

Planeta	**Distancia al sol en UA**	**Estimación para recordar**	**Número de CSFR**
Mercurio	0,38	0,4	80.000
Venus	0,72	0,7	140.000
Tierra	1	1	200.000
Marte	1,52	1,5	300.000
Jupiter	5,20	5	1.000.000
Saturno	9,55	10	2.000.000
Urano	19.2	20	4.000.000
Neptuno	30,1	30	6.000.000
Plutón	39,5	40	8.000.000

El error relativo en el caso de la distancia de la tierra al sol ya hemos visto que es muy pequeño. Los errores absolutos y relativos en los demás casos varían dependiendo del planeta pero no son excesivamente grandes.

Distancia a las estrellas

El Camino nos puede servir para realizar nuestro particular catálogo de estrellas en el que iríamos colocando las distancias de las estrellas en el universo tomando como unidades el número de Caminos de Santiago Francés expresados en notación científica. Para ello multiplicamos los años luz de cada estrella por el número de Caminos que hay en un año luz. En la columna de CSFR se ha tomado el valor de un año luz = $1{,}2 \times 10^{10}$ CSFR.

La primera estrella de la tabla es Sirio, la más brillante del firmamento, situada en la constelación del Can Mayor. Todavía se emplea en el lenguaje cotidiano la expresión "un día de perros" que surgió asociada a la canícula del verano y a la constelación del Can Mayor. Sirio, la estrella del perro era fundamental en el calendario egipcio. Hace unos 3200 años salía al amanecer en el solsticio de verano anunciando el desbordamiento del Nilo y el comienzo del nuevo año.

Tabla 7.6 Distancia a estrellas en años luz y en CSFR

Estrella	**Constelación**	**Años luz**	**CSFR**
Sirio	Can Mayor	8,7	$1{,}1 \times 10^{11}$
Arcturo	Boyero	36,7	$4{,}7 \times 10^{11}$
Vega	Lira	25,3	3×10^{11}
Capella	Auriga	42	5×10^{11}
Rigel	Orión	860	1×10^{13}
Proción	Can Menor	11,4	$1{,}3 \times 10^{11}$
Betelgeuse	Orión	450	$5{,}4 \times 10^{12}$
Altair	Águila	16,8	2×10^{11}
Aldebarán	Toro	65	$7{,}8 \times 10^{11}$
Antares	Escorpión	520	$6{,}2 \times 10^{12}$

Luego el Camino nos ayuda a comprender que siete de las diez estrellas más brillantes se encuentran a una distancia en CSFR que en notación científica tiene una magnitud 11 y ¡esto es un número fácil de recordar!

La distancia en años luz de las estrellas se han tomado del catálogo de la *Guía del cielo* de Proclivel [6].

La Vía Láctea

Para terminar no podemos resistir la tentación de seguir jugando y estimar la Vía Láctea en CSFR. A partir de Herschell varios han sido los investigadores que han tratado de estimar las dimensiones de la Vía Láctea. Herschell, en un principio pensó en unos 8.000 años luz aunque luego lo estimó en unos 15.000 o más años luz. Shapley, uno de los dos astrónomos que intervinieron en lo que se conoce como "El gran debate" creyó que serían unos 300.000 y la estimación actual es de unos 100.000. Tomando para el año luz el valor $1{,}2 \times 10^{10}$ CSFR se obtiene:

Estrella Sirio. 10/8/2015

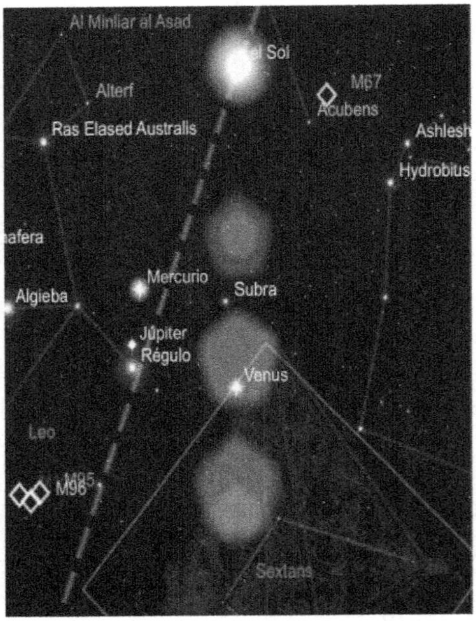

Estrellas Betelgeuse y Rigel. 10/8/2015

Tabla 7.7 Dimensiones de la Vía Láctea en CSFR

Autores	**Años luz**	**CFSR**
Herschell	8000	$9{,}6 \times 10^{12}$
Shapley	300.000	$3{,}6 \times 10^{16}$
Actualidad	100.000	$1{,}2 \times 10^{16}$

La Vía Láctea y el Camino de Santiago en el calendario cósmico

A mediados del siglo XX había dos líneas de pensamiento cosmológico entre los investigadores: los partidarios de la Teoría del Estado Estacionario que creían que el universo no tenía ni principio ni fin y los partidarios de la teoría del Big Bang o Gran Explosión, que como las creencias ancestrales antiguas, creían que el universo tenía un principio. Esta última teoría parece que ha prevalecido, aunque sigue teniendo puntos débiles.

Si el universo tuvo un principio ¿cuándo sucedió? Durante años se ha tratado de responder a esta pregunta dando valores que iban desde los 12.000 hasta los 20.000 millones de años.

Carl Sagan, el conocido astrónomo y divulgador científico, propone en una de sus obras más conocidas, *Los dragones del Eden,* que condensásemos en un año los 15.000 millones de años, que en aquel momento suponía tenía el universo desde la gran explosión del Big Bang. Según esto el Big Bang tuvo lugar al comenzar el 1 de enero y el momento actual sería el primer segundo del año nuevo. En esta compresión del tiempo cada mil millones de años de la historia terrestre serían aproximadamente veinticuatro días de este nuevo calendario cósmico[7]. En efecto,

15.000 millones de años ——————— 1 año = 365 días
1.000 millones de años ——————— x días

Despejando x = 365000 / 15000 = 24, 333...

Al tomar en la escala 1000 millones de años como 24 días cometemos un error pero tampoco el año tiene exactamente 365 días. Carl Sagan nos advierte que su calendario no pretende la exactitud sino simplemente hacernos conscientes de la brevedad de nuestra historia escrita en comparación con la edad del universo desde el Big Bang. El calendario de Sagan hoy se ha revisado estimando la edad del universo en algo menos de 14.000 millones de años, en lugar de los 15.000 millones de años que proponía Sagan.

No obstante, se va a continuar con el calendario de Carl Sagan para enmarcar en él el nacimiento del Apóstol Santiago y el descubrimiento de su tumba, origen de la peregrinación cristiana.

Sagan da tres cuadros para enmarcar su calendario cósmico. En el primero da sucesos acaecidos en fechas anteriores al mes de diciembre; en el segundo, da los acontecimientos que tuvieron lugar en el mes de diciembre y el último cuadro está dedicado única y exclusivamente a lo acontecido el último día del año, el 31 de diciembre. Nos advierte de posibles errores porque aunque empleó las pruebas más consistentes que tenía en su tiempo era consciente de que todas estas cuestiones están en constante revisión. Seguidamente se reproduce el primer cuadro

Tabla 7.8 Formación de la Vía Láctea en el calendario cósmico

Fecha en el calendario cósmico de un año de duración	**Acontecimiento**
1 de enero	Creación del universo. La Gran Explosión
1 de mayo	**Formación de la Vía Láctea**
9 de septiembre	Formación del sol y del sistema solar
14 de septiembre	Formación de la tierra
2 5 de septiembre	Origen de la vida en la tierra
2 de octubre	Formación de las rocas más antiguas
9 de octubre	Época de los fósiles más antiguos
1 de noviembre	Diferenciación sexual en los microorganismos
12 de noviembre	Plantas fotosintéticas fósiles más antiguas
15 de noviembre	Aparecen las eucariotas(primeras células con núcleo)

El segundo cuadro, que el autor expone se refiere al mes de diciembre. En él sitúa dieciocho acontecimientos en dieciocho días del mes. Reproducimos solamente seis de ellos

El último cuadro que da Sagan está dedicado exclusivamente a sucesos acaecidos el 31 de diciembre, el último día de su calendario. Enmarca dieciocho sucesos, la mayoría de ellos situados en los últimos diez segundos del año cósmico, que son los segundos en los que ha transcurrido toda la civilización que nosotros conocemos. Hay que tener en cuenta que un segundo del calendario cósmico equivale aproximadamente a 475 años de nuestro calendario.

Tabla 7.9 Mes de diciembre en el calendario cósmico

Diciembre	**Acontecimiento**
1 de diciembre	Formación de una atmósfera de oxígeno apreciable en la tierra
17 de diciembre	Aparecen los invertebrados
24 de diciembre	Primeros dinosaurios
28 de diciembre	Se extinguen los dinosaurios
30 de diciembre	Aparición de los grandes mamíferos. Primeros homínidos
31 de diciembre	Periodo cuaternario. Aparición del primer hombre

En esta tabla no se contemplan muchos de los acontecimientos importantes de la Historia, como es lógico por los numerosos datos que tendría que poner. Entre los acontecimientos no contemplados está la aparición de la tumba del Apóstol Santiago. Reproducimos parte de la tabla insertando en ella el nacimiento del Apóstol Santiago y la aparición de la tumba del Apóstol y, por lo tanto, el inicio de las peregrinaciones jacobeas. Situamos el nacimiento del Apóstol en la misma línea que el nacimiento de Jesucristo. Para insertar en la tabla la aparición del sepulcro realizamos una división. Si consideramos que hace aproximadamente 1200 años del descubrimiento de la tumba del Apóstol y dividimos 1200:475= 2,7 segundos. Los 1200 años ya sabemos que no son exactos porque las últimas estimaciones sitúan el descubrimiento en la década del año 820. Lo que si es seguro es que podemos insertar la fecha transcurriendo el segundo 57 del último minuto del calendario.

En esta escala cósmica se ve que están situados en una misma línea horizontal sucesos que se nos han enseñado a considerar distanciados en los libros de Historia. Lo importante de la escala no es su exactitud sino que nos hace conscientes de que la civilización que conocemos se ha desarrollado en los últimos segundos del año cósmico.

Tabla 7.10 Ultimo día del año cósmico. Día 31 de diciembre

Hora	Acontecimiento
A las 22 horas, 30 minutos	Aparición del primer hombre
A las 23 horas	Uso generalizado de los útiles de piedra
A las 23 horas, 46 minutos	El hombre de Pekín aprende a servirse del fuego
A las 23 horas, 56 minutos	Empieza el último periodo glaciar
A las 23 horas, 58 minutos	Pueblos navegantes colonizan Australia
A las 23 horas, 59 minutos	Aparece el arte rupestre en Europa
A las 23 horas, 59 minutos, 20 segundos	Invención de la agricultura
A las 23 horas, 59 minutos, 35 segundos	Cultura neolítica. Primeros poblados.
A las 23 horas, 59 minutos, 50 segundos	Primeras dinastías en Sumer, Ebla y en Egipto. Grandes avances de la astronomía.
A las 23 horas, 59 minutos, 52 segundos	Invención del alfabeto. Imperio acadio. Babilonia y los códigos de Hammurabi. Egipto. Imperio Medio.
A las 23 horas, 59 minutos ,53 segundos	Metalurgia del Bronce. Cultura micénica. Guerra de Troya. Cultura olmeca.
A las 23 horas, 59 minutos, 54 segundos	Metalurgia del hierro. Primer Imperio asirio. Reino de Israel. Los fenicios fundan Cartago.
A las 23 horas, 59 minutos, 55 segundos	La India de Asoka. La Grecia de Pericles. Nace Buda.
A las 23 horas 59 minutos , 56 segundos	Geometría euclidiana. Física de Arquímedes. Astronomía Ptolomaíca. Imperio romano. Nacimiento de Jesucristo y el Apóstol Santiago.

Hora	Acontecimiento
A las 23 horas 59 minutos, 57 segundos	La aritmética india introduce el número cero y los decimales. Caída de Roma. Conquistas musulmanas.
A las 23 horas 59 minutos y transcurriendo el segundo 57	Se descubre la tumba del Apóstol Santiago
A las 23 horas, 59 minutos, 58 segundos	Civilización maya. China: dinastía Sung. Imperio bizantino. Invasión mongólica. Las Cruzadas.
Alas 23 h, 59 minutos, 59 segundos	La Europa del Renacimiento. Viajes de descubrimiento de los países europeos y de la dinastía china de los Ming. La ciencia y el método empírico.
Tiempo presente. Primer segundo del año nuevo	Formidable expansión de la ciencia y de la tecnología. Universalización de la ciencia y de la cultura. Adquisición de los medios de autodestrucción de la especie humana. Primeros pasos en la exploración mediante vehículos espaciales y en la búsqueda de seres inteligentes en el espacio extraterrestre.

Capítulo 8

La Vía Láctea en la literatura y el cine

Las estrellas: un germen literario

La astronomía es la ciencia más antigua pero también las estrellas están en el germen de la literatura. Los hombres necesitaron clasificar el cielo para intentar dominarlo formando las constelaciones. En todas las culturas a este afán científico se le unió un mundo poético lleno de narraciones asociadas a estrellas.

Una de las agrupaciones de estrellas más famosas es la de la Osa Mayor y sobre todo una parte de la misma, las siete estrellas que forman el Carro Mayor. La mitología griega creó un mito asociado, como en otros casos, a las aventuras extramatrimoniales del Dios Zeus. Éste se enamoró de una ninfa llamada Calisto, pero ella quería dedicar su vida a la diosa Artemisa, diosa de la caza y de la luna. Zeus se disfrazó de Artemisa y violó a Calisto, que como consecuencia de ello tuvo un hijo llamado Arcade. Hera, la esposa de Zeus, se enfadó y convirtió a Calisto en un oso. Éste vagaba por las tierras hasta que un día se encontró a su hijo y fue a abrazarle. Pero el hijo se asustó al verle y le disparó una flecha que le mató.

De nuevo aparece Zeus que eleva a ambos, convertidos en osos a los cielos. Este traslado fue con tal fuerza que se les estiró la cola. Como consecuencia de ello la Osa Mayor y la Menor tienen en los dibujos colas más largas que los osos normales.

Otros pueblos como los iroqueses de Canadá se imaginaban un oso perseguido por varios pájaros. Las estrellas de la caja del Carro Mayor representaban al oso. Algunos árabes pensaban que el carro eran unas andas funerarias seguidas por tres hijas enlutadas. Los antiguos chinos las vieron como el dios de la literatura y sus ayudantes[1]. Esta interpretación del Carro no ha sido muy conocida por los europeos, pero, es importante, puesto que de alguna manera con esta asociación se vincula la literatura a las estrellas y, éstas han sido el germen de muchas bellas historias.

Carro Mayor y Menor. Foto de Jesús Salas Parrilla

En la imagen la representación de la Osa Mayor en el atlas celeste de Flamsteed, astrónomo real británico del siglo XVII. Un ejemplar de este atlas está en la Biblioteca Nacional de España.

Todas las constelaciones del zodiaco tienen sus mitos asociados, que se narran en el siguiente capítulo, así como son también interesantes los mitos asociados a Orión, que contiene cinco de las treinta estrellas más brillantes del firmamento.

En cuanto a la Vía Láctea ha excitado la imaginación en todas las culturas; se la ha interpretado como un rio celeste, una serpiente blanca, la leche derramada por la diosa Hera para los griegos, con un árbol, como las huellas de un ladrón de paja que había sido robada, dependiendo de la zona, por un dios armenio, un ladrón persa o un grupo de gitanos húngaros y con un camino asociado a un héroe, llámese Hércules, Odín o Santiago.

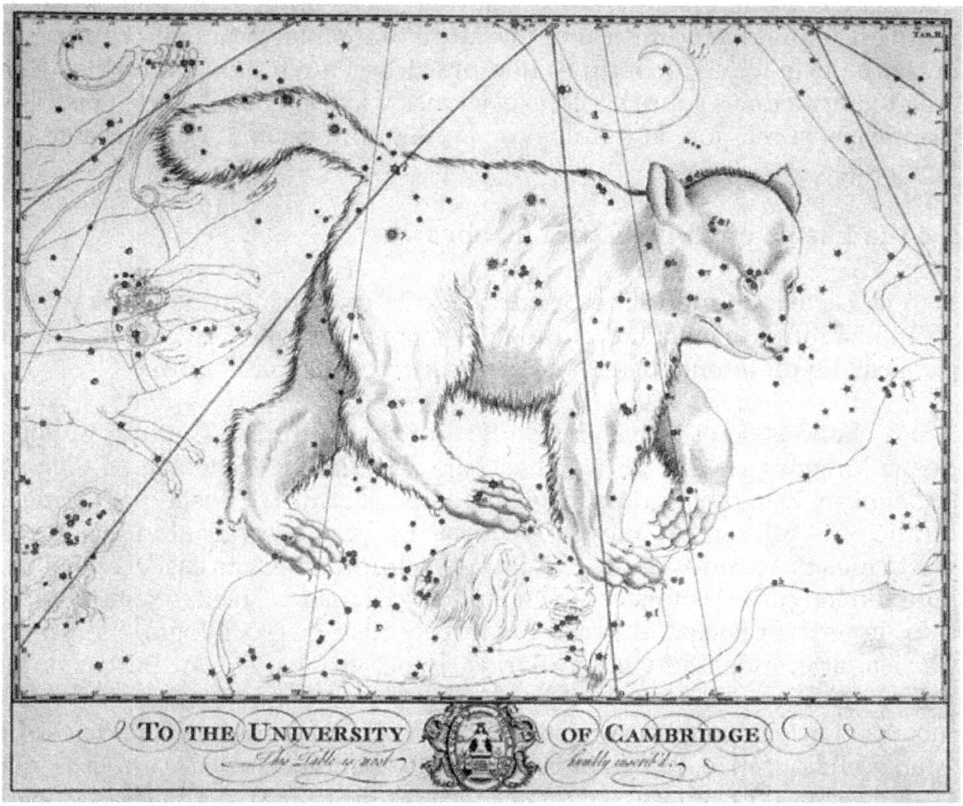

La Osa Mayor en el atlas de Flamsteed

A todas las fantasías anteriores le añadimos la de otra cultura, la de los navajos. Este grupo indígena, que vive en el suroeste de Estados Unidos, pensaban que el Dios Negro, el dios del fuego, había esparcido por el cielo una especie de cristales con los que se habían formado las estrellas, a los que este pueblo reunió en constelaciones muy diferentes a las griegas. La formación de la Vía láctea se debía a una travesura de uno de sus seres míticos, el Coyote, que esparció un saco de estrellas en el cielo del cuál surgió la Vía Láctea, trastocando el cielo ordenado que había dejado el Dios Negro [2].

En muchas culturas de América del Norte, en concreto en California, el Coyote, basado en un principio en el animal del mismo nombre, se transformó en un ser de leyenda. En España en el siglo XX el personaje de ficción creado con ese nombre por el novelista José Mallorquín tuvo mucho éxito.

Mucho han discutido los expertos, en las dos últimas centurias, sobre qué debe considerarse literatura y si ésta nace con la expresión escrita o también se pueden admitir una literatura oral, anterior a la escritura. Sin entrar en este tema, lo cierto es que prácticamente todos los pueblos han creado narraciones sobre las constelaciones y la Vía Láctea. En los pueblos primitivos la religión, la mitología y la literatura estaban íntimamente relacionadas.

La Vía Láctea en la literatura jacobea

La Vía Láctea, que tanto ha desarrollado la imaginación de los hombres ¿cómo ha influido en la literatura de las peregrinaciones, en concreto de la jacobea? En un intento de respuesta recurrimos a la bibliografía.

En el año 2000 el Ministerio de Educación, Cultura y Deporte publicó dos volúmenes, de casi mil páginas, bajo el título de *Bibliografía del Camino de Santiago*. Esta bibliografía, coordinada por Fermín de los Reyes Gómez, reunió 8614 referencias a temas jacobeas. Estas referencias aluden a libros y artículos publicados desde el inicio de la imprenta hasta casi el año 2000, tanto en lengua española como en lengua extranjera. En ellas se trata todo tipo de temas relacionados con lo jacobeo: historia, sociología, literatura, música, arte, guías de viaje y diarios de peregrinos, etc. Al buscar en el Índice analítico astronomía no encontramos ninguna referencia. Si buscamos Vía Láctea encontramos cinco referencias que están explicitadas en el Anexo bibliográfico. Luego el porcentaje de referencias dedicadas a la Vía Láctea es 5x 100 / 8614=0,06, un número insignificante; pero, además, hay que tener en cuenta que, estas referencias son artículos de poca extensión.

Por lo tanto, ni la Vía Láctea ni las estrellas han tenido peso en la producción literaria jacobea. Vázquez de Parga analizó la influencia de la peregrinación jacobea en las leyendas épicas y en la literatura medieval y de siglos posteriores. En su opinión, fue escaso el número de escritores que se ocuparon del tema tanto en novela como en teatro. De hecho, en el siglo de Oro español solamente nos ha quedado una obra de teatro notable *La romera de Santiago* de Tirso de Molina. Esta obra se hace eco de romances que circulaban por el camino[3].

Desde el año 2000 se han publicado muchos libros de temática jacobea, en concreto el número de novelas (histórica, esotérica, escritas por peregrinos contando su experiencia, para un público infantil, etc.) ha experimentado un aumento espectacular. Buscamos entre sus títulos alguno que haga referencia a la Vía Láctea o al Camino de las estrellas. Nos encontramos varios. Por ejemplo, *El asesino de la Vía Láctea*, una novela de intriga escrita por Guillermo Martínez en el año 2012. El argumento de la novela comienza con un asesinato en S.J. de Pie de Port, dónde se inicia el camino francés. Al día siguiente se produce otro asesinato en el albergue de Roncesvalles. Un asesino está suelto en el Camino de Santiago. Se esperan más crímenes y comienza la investigación. El autor da por descontado con su título que cualquier lector actual ya identifica el Camino con la Vía Láctea.

En cuanto a la poesía, ya se ha comentado en un capítulo anterior, la existencia de algunos romances, que se aprendían de memoria y pasaban de generación en generación, relacionando el Camino de Santiago con el Camino celeste por el que marchaban las almas. Nosotros destacaremos dos romances, uno de Torres Villarroel y un poema de García Lorca para su *Balada Ingenua*.

La Vía Láctea que no siguió Torres Villarroel

Diego de Torres Villarroel (1694-1770) fue un personaje polifacético que ocupó la cátedra de matemáticas de la universidad salmantina adquiriendo popularidad por sus conocimientos astrológicos y sus pronósticos, aunque quizás su faceta más conocida sea la de escritor. Entre sus numerosas obras destaca una autobiografía. El autor cuenta en un documento que realizó la peregrinación desde Salamanca a Santiago de Compostela en el año 1737 cumpliendo una promesa. El viaje lo realizó con un grupo de acompañantes.

Es de resaltar que el Camino que recorre no es el de la Vía de la Plata que sería el lógico desde Salamanca, sino que se dirige a Ciudad Rodrigo y penetra en Portugal para después de recorrer diversas ciudades, llegar a Tui y desde allí a Santiago. El Camino que realizó se conoce hoy como Camino Torres y ya hay peregrinos que nos han dejado constancia de su paso por él. ¿Por qué eligió este camino de 537 km de longitud?

Casa de las Conchas. Salamanca.
Foto de Jesús Salas Parrilla

Sabemos que había estado con anterioridad varias veces en Portugal y que conocía y amaba esa tierra. Parece que también fue en ese país donde prometió acudir en peregrinación a Santiago. Lo cierto es que dejó constancia de su viaje en *Peregrinación al Glorioso Apóstol Santiago de Galicia.* El fragmento donde hace mención a la Vía Láctea es el siguiente

Con el bordón en la mano
Al cinto mi calabaza
Y la Casas de las Conchas
Al hombro, pecho y espada.

El Camino empecé
Y no por la Vía Láctea
Ni en la mejor vía, y forma,
Que en derecho lugar haya.

Sino por dónde juzgué,
Que algún camino llevaba;
Para que no digan de Torres,
Que descaminado anda.

Es una bonita manera de decirnos que no va por el Camino más tradicional al que identifica con la Vía Láctea.

Un poema de Federico García Lorca

Federico García Lorca

Federico García Lorca (1898-1936) visitó Santiago de Compostela en 1916 por primera vez y se enamoró de la ciudad. Quizás este viaje le inspiró poco tiempo después su poema *Balada Ingenua,* dedicado al apóstol Santiago que se publicó en 1921 en su primer *Libro de poemas.* El apóstol Santiago era muy venerado en España y su festividad no pasaba desapercibida para nadie.

Reproducimos el poema de García Lorca estructurado en dos partes en las que hay narración, descripción y dialogo.

Santiago. Balada Ingenua

25 de julio de 1918 (Fuente Vaqueros Granada)

Esta noche ha pasado Santiago
su camino de luz en el cielo.
Lo comentan los niños jugando
con el agua de un cauce sereno.

¿Dónde va el peregrino celeste
por el claro infinito sendero?
Va a la aurora que brilla en el fondo
en caballo blanco como el hielo.

¡Niños chicos, cantad en el prado
horadando con risas al viento!

Dice un hombre que ha visto a Santiago
en tropel con doscientos guerreros;
iban todos cubiertos de luces,
con guirnaldas de verdes luceros,
y el caballo que monta Santiago
era un astro de brillos intensos.

Dice el hombre que cuenta la historia
que en la noche dormida se oyeron
tremolar plateado de alas
que en sus ondas llevóse el silencio.

¿Qué sería que el río paróse?
Eran ángeles los caballeros.

¡Niños chicos, cantad en el prado!
horadando con risas al viento!

Es la noche de luna menguante.
¡Escuchad! ¿Qué se siente en el cielo,
que los grillos refuerzan sus cuerdas
y dan voces los perros vegueros?

Madre abuela, ¿cuál es el camino,
madre abuela, que yo no lo veo?

Mira bien y verás una cinta
de polvillo harinoso y espeso,
un borrón que parece de plata
o de nácar. ¿Lo ves?
Ya lo veo.

Madre abuela. ¿Dónde está Santiago?
Por allí marcha con su cortejo,
la cabeza llena de plumajes
y de perlas muy finas el cuerpo,
con la luna rendida a sus plantas,
con el sol escondido en el pecho.

Esta noche en la vega se escuchan
los relatos brumosos del cuento.

¡Niños chicos, cantad en el prado,
horadando con risas al viento!

II

Una vieja que vive muy pobre
en la parte más alta del pueblo,
que posee una rueca inservible,
una virgen y dos gatos negros,
mientras hace la ruda calceta
con sus secos y temblones dedos,
rodeada de buenas comadres
y de sucios chiquillos traviesos,
en la paz de la noche tranquila,
con las sierras perdidas en negro,
va contando con ritmos tardíos
la visión que ella tuvo en sus tiempos.

Ella vio en una noche lejana
como ésta, sin ruidos ni vientos,
el apóstol Santiago en persona,
peregrino en la tierra del cielo.

Y comadre, ¿cómo iba vestido?
le preguntan dos voces a un tiempo.

Con bordón de esmeraldas y perlas
y una túnica de terciopelo.

Cuando hubo pasado la puerta,
mis palomas sus alas tendieron,
y mi perro, que estaba dormido,
fue tras él sus pisadas lamiendo.
Era dulce el Apóstol divino,
más aún que la luna de enero.
A su paso dejó por la senda
un olor de azucena y de incienso.

Y comadre, ¿no le dijo nada?
la preguntan dos voces a un tiempo.

Al pasar me miró sonriente
y una estrella dejóme aquí dentro.

¿Dónde tienes guardada esa estrella?
la pregunta un chiquillo travieso.

¿Se ha apagado, dijéronle otros,
como cosa de un encantamiento?

No, hijos míos, la estrella relumbra,
que en el alma clavada 1a llevo.

¿Cómo son las estrellas aquí?
Hijo mío, igual que en el cielo.

Siga, siga la vieja comadre.
¿Dónde iba el glorioso viajero?

Se perdió por aquellas montañas
con mis blancas palomas y el perro.
Pero llena dejome la casa
de rosales y de jazmineros,
y las uvas verdes en la parra
maduraron, y mi troje lleno
encontré la siguiente mañana.
Todo obra del Apóstol bueno.

¡Grande suerte que tuvo, comadre!
sermonean dos voces a un tiempo.

Los chiquillos están ya dormidos
y los campos en hondo silencio.

¡Niños chicos, pensad en Santiago
por los turbios caminos del sueño!

¡Noche clara, finales de julio!
¡Ha pasado Santiago en el cielo!

La tristeza que tiene mi alma,
por el blanco camino la dejo,
para ver si la encuentran los niños
y en el agua la vayan hundiendo,
para ver si en la noche estrellada
a muy lejos la llevan los vientos.

La balada era un tipo de poema que se origino en la Edad Media y que estaba caracterizado por tener un estribillo que se repite cada tres estrofas. Los versos solían ser octosílabos y con rimas cruzadas. Al pasar los siglos fueron surgiendo distintos tipos de poemas a los que se les llamaba baladas. A partir del siglo XIX también se llamó balada a composiciones musicales[4]. Pero más que un análisis desde el punto de vista literario, nos interesa preguntarnos por la idea que transmiten los versos:

¿Dónde va el peregrino celeste
Por el claro infinito sendero?

Al leerlo nos imaginamos al Apóstol cabalgando por la Vía Láctea con lo que la Vía Láctea se identifica con el Camino celeste que sigue el Apóstol y no con el camino terrestre hacia Compostela, lo que constituye otra asociación de la Vía con el Apóstol.

¿En qué se inspiró García Lorca? No se sabe, pero la idea de un dios o un héroe recorriendo el cielo con su caballo estaba presente en las mitologías, recuérdese el caso del dios nórdico Odín cabalgando en su caballo de ocho patas. Con el paso del tiempo fue introduciéndose la idea en romances locales y Lorca, magistralmente, la pudo trasladar a su *Balada Ingenua*. Lo que sabemos con seguridad es que a lo largo de su vida Lorca llego a conocer en profundidad las cantigas y romances del folclore galaico -portugués medieval y en este folclore, como se ha expuesto en el capítulo quinto aparece esta idea.

Lorca no realizó nunca la peregrinación a Compostela. Tampoco sabemos si lo hubiese deseado en algún momento de su vida si no se la hubiesen arrebatado. El que sí lo deseo fue su amigo Salvador Dalí.

Salvador Dalí quiso caminar por la Vía Láctea

García Lorca, Salvador Dalí y Luis Buñuel se habían formado en su juventud en la Residencia de Estudiantes de Madrid habiéndose establecido una amistad entre ellos durante esa época. El poema de Lorca pudo influir a sus amigos para que, muchos años después, ambos se interesasen por el Apóstol y la peregrinación

Salvador Dalí pintó su famoso cuadro *Santiago el Grande* en 1957. Esta representación está muy alejada de la del Santiago Matamoros que desde el siglo XII tanto se había repetido. La personalidad de Dalí debía dar una imagen diferente y así fue. La tierra y el cielo están separados por una especie de estructura geométrica y en la parte central del lienzo vemos un hermoso caballo blanco con la cabeza girada para mostrarnos en el cuello una concha o venera que lo identifica con el caballo del Apóstol; sobre él, Santiago desnudo eleva su brazo izquierdo que sostiene y acompaña al Cristo hacia el reino celestial.

Dalí nos transmite también la imagen de Santiago subiendo al cielo, que se nos pinta con nubes. En esta subida no está solo, sino que va acompañado por unas imágenes que deben representar otros seres humanos. Aunque la mirada se va hacia el centro del lienzo los detalles que lo rodean son de interés. En la parte inferior vemos el mar y a la derecha las rocas de su querido Port Lligart mientras que al otro lado se observa un hombre anónimo, quizás por sus vestiduras un hombre medieval.

El pintor declaró que había sentido un escalofrío existencialista, el escalofrío de la unidad de la patria. En ese mismo año volvió a pintar otro cuadro de la misma temática titulado *Vista del cuadro de Santiago el Grande a través de la ventana del taller de Dalí en Port lligart, por la noche.*

Lo que muy poca gente sabe es que Dalí deseo organizar una gran peregrinación a Compostela con John Lennon y un gran número de hippies. Él deseaba que estos hippies tuviesen contacto con la religión católica. El periodista gallego Antonio de Olano, amigo de Dalí, lo cuenta en su novela *La gran Vía se ríe*[5].

Olano nos cuenta que Dalí estuvo en Compostela en muchas ocasiones. La primera vez lo llevó García Lorca, pero luego su amistad con el escritor gallego Eugenio Montes influyó en que pasase días en esta ciudad.

Dalí quería una peregrinación con un recorrido muy diferente ya que deseaba que comenzase en el Museo del Prado para admirar la obra de Velázquez, el pintor al que tanto admiraba Dalí. Los peregrinos que salían de Roncesvalles tenían que desviarse a Madrid y los que iban por la ruta de la Plata también. Imaginamos que desde cualquier lugar todos los peregrinos tenían que dirigirse hacia Madrid.

Posteriormente tenían que pasar por La Gran Vía y en la Plaza de España rendir homenaje a Cervantes. En la salida a la Moncloa debían visitar el Museo de Arte Contemporáneo.

La peregrinación, que se suponía se iba a realizar en un año santo, no llegó a ser realidad porque John Lennon, que al parecer estaba de acuerdo, murió asesinado. Salvador Dalí abandonó su proyecto. Imaginamos que ir solo y de incógnito no le debió resultar atractivo

El cine jacobeo y la Vía Láctea

En el año 1915, año jacobeo, se realizó el primer documental sobre la peregrinación titulado *Peregrinaciones compostelanas,* promovido por el cardenal, arzobispo de Compostela, Martín Herrera. Este documental mudo se perdió, pero ha sido parcialmente recuperado en los últimos años e incluso se puede ver un pequeño tráiler en You tube. Las películas mudas se solían proyectar acompañadas de un fondo musical en las salas de cine, por ejemplo, el sonido de un piano, luego probablemente este documental estuviese acompañado de un fondo musical.

En el año 1926, de nuevo año jacobeo, el Ayuntamiento de Compostela rodó el documental *Compostela.* Por lo tanto, desde hace un siglo el cine se ha ocupado del fenómeno jacobeo y, una vez más, la Iglesia y el Estado, fueron los primeros promotores de este hecho cultural, aunque hasta el boom del Camino en los años noventa, fueron relativamente pocos los films que se rodaron con esta temática.

En el año 2009 se publicó el libro titulado *Cine jacobeo* de Ramón Herrera Torres que recoge más de veinte títulos de películas y documentales relacionados con esta temática. También en Internet es posible encontrar listados de películas sobre el Camino. Al buscar entre los films alguno que haga referencia al Camino como "Camino de estrellas" o como "Vía Láctea" aparece *La Vía Láctea,* dirigida por Luis Buñuel, quien participó también en el guión. Esta película se estrenó en Madrid en 1968.

Desde la perspectiva del año 2015 en que una gran parte de las películas y documentales se centran en el día a día de los peregrinos en la ruta, la película de Buñuel, está alejada de la peregrinación cotidiana. La película comienza con un fotograma de un mapa en el que están dibujadas las rutas de peregrinación europeas más importantes hacia Compostela en la Edad Media con lo que identifica el título de la película con el Camino de Santiago. Una voz en off explica esto a los espectadores.

En la escena siguiente aparecen los dos protagonistas de la película que van vestidos de peregrinos medievales y que partiendo de las cercanías de París pretenden llegar a Compostela. Hasta aquí nada de particular, pero aparece en escena un hombre con capa negra española que les pronostica que, a su llegada a Compostela, se encontrarán con una prostituta con la que tendrán un hijo cada uno. A uno le llamarán "Tú no eres mi pueblo" y al otro" No más misericordia".

Tras esta escena incomprensible para el espectador siguen los peregrinos su Camino hasta tierras españolas y comienza a desarrollarse el guión que quería Buñuel. Éste era la exposición al espectador de algunos dogmas de la Iglesia Católica que chirriaban al razonamiento de Buñuel; entre ellos: la doble naturaleza de Cristo, la Santísima Trinidad y la Eucaristía. Para abordarlos crea un escenario distinto para cada uno de ellos sin respetar el itinerario físico ni el esquema temporal porque hay escenas en las que se retrocede varios siglos.

Cuando por fin se aproximan los dos protagonistas a Compostela aparece "la señora" que les había anunciado al principio el hombre de la capa negra y con la que efectivamente se supone que pueden tener un hijo. ¿Qué nos quiere decir Buñuel con esto? El final es aún más inesperado. Aparecen dos ciegos y Jesucristo con sus apóstoles. Se produce el milagro de que los ciegos vean, pero el Señor prohíbe a sus discípulos extender la noticia[6].

El paso del tiempo suele situar a cada film en el lugar que le corresponde. Aunque Buñuel estaba considerado en aquella época un director de culto entre los intelectuales lo cierto es que esta película era demasiado surrealista y si la hemos incluido aquí es solamente para dejar constancia de que la vinculación de la Vía Láctea con el Camino de Santiago había llegado también al cine en el siglo XX. Pero en el film no hay ninguna referencia a las estrellas.

En la actualidad las referencias al Camino como "Camino de las Estrellas" son constantes en los medios de comunicación y el cine se ha hecho eco también de esta tendencia. En el año jacobeo de 1993 se estrenó una película gallega *O Camiño das estrellas* dirigida por C. Piñeiro, pero de nuevo no nos hablaban de estrellas[7]. En el año 2010 un nuevo documental gallego nos habla del "Camino de las estrellas" pero, de nuevo, no nos invitan a contemplar el cielo nocturno. Esperemos que, en el año 2021, año jacobeo, el cine haga un verdadero homenaje a las estrellas del Camino.

Capítulo 9

La Vía Láctea en el arte

La Vía Láctea: fuente de inspiración artística

El estudio de los astros fue el germen de la ciencia y también desarrolló la creación de mitos, pero ¿qué importancia ha tenido la representación de los astros y de la Vía Láctea en el arte? Según algunos arqueólogos desde la prehistoria se realizaron petroglifos con representaciones del sol, la luna, algunas estrellas y constelaciones como la de Orión. Este hecho sucedió en numerosas culturas. Una bonita hipótesis es la que sostiene Luz Antequera Congregado en su tesis doctoral, para la cual el techo de Altamira sería la representación de algunas constelaciones identificando, por ejemplo, al bisonte hembra con la Osa Mayor o al bisonte que vuelve la cabeza con Perseo[1].

Lo que se sabe con certeza es que una tumba china de la dinastía Ham, de una antigüedad superior a los 2000 años, fue decorada con un cielo en él que está dibujada la Vía Láctea y la constelación del Carro Mayor. Más de 1500 años después, el banquero Agostino Chini encargó poner en su fastuosa mansión romana, la Villa Farnesina actual, la posición de las constelaciones en la fecha de su nacimiento acaecido el 1 de diciembre de 1466. En la actualidad en Nueva York, el banquero J.P. Morgan también tiene en el techo de su biblioteca algunas constelaciones.

En cuanto al mito griego asociado al nacimiento de la Vía Láctea hay dos cuadros universalmente conocidos: *El origen de la Vía Láctea* pintado por Tintoretto entre 1575 y 1580 y *El Nacimiento de la Vía Láctea* de Rubens fechado en 1636. Pero aunque hay excepciones, las estrellas y las constelaciones, en opinión de N. Hathaway, no se han tomado demasiadas veces como tema de inspiración en el arte[2].

El origen de la Vía Láctea. Tintoretto

A comienzos del siglo XXI se puede preguntar: ¿qué importancia tiene la Vía Láctea en la cultura en general y en el arte, en particular? ¿Y en los Caminos de Santiago? En un intento de respuesta se ha recurrido a diversas fuentes, entre ellas: la bibliografía y filmografía jacobea, Planetarios, Museos de la Ciencia y Monumentos del Camino. En las líneas siguientes se exponen algunas obras que los artistas medievales nos han legado en las que se rinde homenaje al sol, a los signos del zodiaco y a las constelaciones.

El culto al sol en algunos monumentos

Desde la prehistoria se construyeron monumentos para ser utilizados como marcadores de solsticios o equinoccios. El más conocido es el de Stonehenge en Inglaterra, en el cuál en el solsticio de verano el sol sale sobre una determinada piedra y atraviesa el eje de la construcción. Otro ejemplo es el círculo neolítico de Gosek en Alemania en el que se señalaba la salida y puesta de sol en el solsticio de invierno. También en Irlanda los turistas pueden ver en Newgrange un monumento en él que se rendía culto al sol en el solsticio de invierno y, que desde el año 1993, está declarado patrimonio de la Humanidad.

Al iniciarse las civilizaciones los marcadores solares se realizaban en los propios edificios. La Gran Pirámide de Keops es un marcador equinoccial. En la puesta de sol en los equinoccios solamente quedaba iluminada la mitad de su cara norte.

En otras ocasiones, los constructores egipcios marcaban el inicio de una estación en el interior de un templo mediante un rayo de luz que, penetrando por un orificio, iluminaba un determinado lugar. En el valle de *Los Faraones* hay un templo en el que el sol, entrando por un orificio en el amanecer del solsticio de verano, ilumina la cara del faraón.

Los egipcios no solamente marcaban los solsticios y los equinoccios, sino que también señalaban en sus edificios otras fechas. Un ejemplo nos lo proporciona uno de los templos construidos por Ramses II en el complejo arqueológico de Abu Simbel en torno al año 1247 a.C. Este templo estaba dedicado a los dioses Ramses II, Amón, Ra y Path. En aquella época los faraones eran considerados dioses.

El templo estaba edificado de modo que el sol penetraba al fondo del recinto los días 21 de octubre y 21 de febrero e iluminaba tres de las cuatro estatuas sedentes dedicadas a los dioses. La estatua que quedaba en penumbra era la que correspondía al dios Path relacionado con el inframundo, y por lo tanto, siempre en oscuridad.

No se sabe que acontecimiento o acontecimientos relacionados con el faraón Ramses II tuvieron ligar en esas fechas. Los investigadores opinan que pudo ser el día de su nacimiento o el de su coronación. La construcción de la presa de Asuán obligó a desplazar el templo de su ubicación original en 1964.

Esta tradición egipcia se transmitió en secreto entre los constructores de generación en generación. En el siglo XX algunos estudiosos han encontrado huellas de esta tradición en tres iglesias situadas en los caminos jacobeos:

- La iglesia de Santa María de Los Arcos en el Camino Francés.
- San Juan de Ortega, en el Camino Francés.
- Santa Marta de Tera en el Camino Sanabrés.

Iglesia de Santa María. Los Arcos es un pueblo en la provincia de Navarra por el que pasa el Camino de Santiago. Se fundó en la Edad Media sobre las ruinas de una pequeña población, probablemente una "mansión" de origen romano. Su edificio más notable es la iglesia de Santa María. Esta iglesia se comenzó en el siglo XII y hacia 1175 era una de las iglesias más notables del Camino Francés. El templo ha tenido modificaciones a lo largo de los siglos; en él se combinan elementos románicos, góticos, renacentista y barrocos.

Iglesia de Santa María
Los Arcos. Navarra

Carlos Mencos y Gerardo Zúñiga han estudiado cómo iluminan los rayos de sol esta iglesia a lo largo del año. Todas las iglesias antiguas se orientaban de modo que la cabecera mirase hacia Oriente, por dónde sale el sol y cuna del cristianismo. Los fieles, al entrar hacia la iglesia, salen de las tinieblas y se dirigen hacia la luz. A lo largo del día la luz penetra en el templo a través de las diversas ventanas iluminando a mediodía el crucero e introduciéndose, al ponerse el sol, por las ventanas de Poniente.

El ábside de Santa María está situado de modo que el 15 de agosto señala el punto del horizonte por el que sale el sol. ¿Es una casualidad o el maestro constructor quiso rendir homenaje a la Virgen el día de la festividad de la Asunción? El pueblo celebra sus fiestas patronales a mediados del mes de agosto celebrando esta festividad.

También el sol rinde homenaje a la Virgen en el Pórtico de Santa María. El pórtico actual es del siglo XVI y es uno de los más bellos del renacimiento navarro. Por lógica debe sustituir a otra portada románica anterior. Tiene un arco de medio punto con cabezas de querubines sobre pilastras. El edículo superior está dedicado a una Virgen sedente con un Niño en brazos coronada por ángeles simétricos. A ambos lados hay dos esculturas de San Pedro y San Pablo. A mediados del mes de agosto, el 16 de agosto, por la tarde hacia las 18, 37, un rayo de sol ilumina durante breves minutos la estatua de la Virgen. El mismo fenómeno tiene lugar también por la tarde el 25 de abril.

El fenómeno fue difundido por Gerardo Zúñiga, vecino de Los Arcos, a quién se lo enseñó su padre que, al igual que él, amaba intensamente su localidad. También se ha estudiado en esta iglesia cómo ilumina el sol otras ventanas como la ventana del coro o el rosetón de la nave[3].

San Juan de Ortega es una pequeña localidad en tierras burgalesas. Aquí, Juan de Quintanaornuño, el colaborador de Santo Domingo de la Calzada en la construcción de los puentes de Nájera y Logroño, fundó un hospital, una botica y una iglesia.

San Juan de Ortega es un lugar nacido por y para la peregrinación. En su iglesia se produce, dos veces al año, en torno a los equinoccios, el 21 de marzo y el 21 de septiembre, el siguiente fenómeno. La luz que va entrando por uno de los ventanales, aproximadamente a las cinco de la tarde, va recorriendo sucesivamente la Anunciación, el Nacimiento y la Epifanía de uno de los más bellos capiteles románicos.

El fenómeno dura unos diez minutos y es observado cada año por un mayor número de personas. ¿Es esto una casualidad o el escultor se propuso rendir homenaje en una fecha determinada al sol? Aunque no ha quedado nada escrito, es pensable que estuvo programado para una fecha tan significativa. No solamente ilumina el capitel en el equinoccio sino también dos días antes y dos después. Posiblemente el constructor, al observar la incidencia de los rayos de sol en el equinoccio en la correspondiente pared de la iglesia, decidió colocar en ella el correspondiente capitel románico

San Juan de Ortega (Burgos)
Foto de Jesús Salas Parrilla

Santa Marta de Tera es una pequeña localidad situada en la provincia de Zamora. Esta localidad se ha hecho famosa por su iglesia, la iglesia de Santa Marta, exponente del románico del siglo XII. La iglesia tiene tres portadas. En ella se encuentra la escultura de Santiago Peregrino más antigua conocida que ha sido reproducida por Nazario Ballesteros, quién también ha estudiado el fenómeno de luz equinoccial. En el año 1996 fueron conscientes de este fenómeno.

En esta iglesia románica un rayo de luz que parte del óculo central alrededor de las 10: horas de la mañana (8:00 horas GMT) en el equinoccio de otoño y a las 9: 00 (8:00 GTM) en el equinoccio de primavera se detiene unos minutos en un capitel para perderse después entre los muros del templo.

La figura del capitel de la iglesia de Santa Marta de Tera no está identificada. Los lugareños opinan que podría ser Santa Marta, que era una santa astorgana y por lo tanto, relativamente próxima. Sin embargo, al no haberse encontrado ninguna documentación sobre el tema, bien podría suceder que se tratase de otra alusión.

Santiago peregrino.
Foto de Jesús Salas Parrilla

Por último, señalar que algunas iglesias románicas del Camino, de los Caminos, se destruyeron para erigir sobre ellas otras nuevas construcciones góticas, un ejemplo de ello lo tenemos en edificios tan paradigmáticos como las catedrales de Burgos y León. Esto nos impide saber si en aquellas construcciones románicas se rindió también culto al sol en alguna fecha determinada del año haciéndolo recorrer determinado itinerario sobre las piedras.

En otras ocasiones las iglesias se abandonaron. Una de las iglesias más destruidas del Camino Finisterre-Muxia es **la iglesia de san Julián** de Moraime que se encuentra en la provincia de la Coruña, en la costa de la Muerte, muy cerca de Muxía. Sus orígenes se remontan a mediados del siglo XI, aunque la primera noticia escrita sobre ella data del año 1095, en que recibió una serie de donaciones. Esta iglesia, románica, es lo único que queda del monasterio benedictino que estuvo emplazado en este lugar y, que fue el más importante de esta zona, como lo prueba el hecho de que fue independiente hasta el siglo XV, en que pasó a la jurisdicción del monasterio de San Martín Pinario.

En esta comarca rural y en algunas zonas de Portugal, según nos cuenta Rafael Lema, se conservaba la costumbre de creer que el año nacía el día de santa Lucia, el 13 de diciembre[4]. Éste era el día más corto del año, el solsticio de invierno. A partir de esa fecha, según el pueblo, el día avanza el paso de una gallina. En la Edad Media, como el calendario juliano iba perdiendo exactitud, el día más corto puede ser que fuese el 13 de diciembre, y esta idea se siguió perpetuando en la tradición oral.

Los constructores de la iglesia de Moraime representaron los signos del zodiaco en la puerta sur, aunque hay que advertir que el deterioro de esta puerta es enorme. La iglesia sufrió la desamortización de Mendizabal y, a partir de entonces, está abandonada.

Moraime está erigida en una zona en la que hubo cultos anteriores: dos castros celtas, una necrópolis romana y un asentamiento visigodo. En estos asentamientos se pudo rendir también culto al sol. En la actualidad no se sabe si los constructores de Moraime señalaron algún detalle en alguna fecha determinada.

Cerca de Moraime se pueden ver las estrellas en algunos observatorios naturales como el monte Croado donde se encuentra el *Sillón dos mouros*, una piedra en forma de asiento, en la que se sentaba el último rey de los *mouros*, personajes míticos de Galicia, que se identifican con sus primeros habitantes.

El zodiaco en el Arte del Camino

Los peregrinos pueden ver la representación de las constelaciones del zodiaco en varias portadas de iglesias de las rutas compostelanas, entre ellas en Santa María de Vezelay y en San Isidoro de León. Aunque la Iglesia no estaba de acuerdo en admitir la astrología no tuvo reparos en unir estos signos a su iconografía. De hecho, estas representaciones suelen aparecer en las puertas de los templos. Es muy habitual que el zodiaco aparezca separado en dos mitades, cada una de las cuales representa medio ciclo anual. Los signos ascienden desde el solsticio de invierno hasta el de verano y luego descienden desde éste hasta el invierno.

Portada del zodiaco en San Isidoro de León

El zodiaco de San Isidoro se encuentra en la llamada puerta del Cordero, una de las más bellas del románico castellano. Su nombre se debe a que en el tímpano tiene un Agnus Dei, un cordero divino, inscrito en una especie de mandorla. Debajo se encuentran escenas diversas en torno al tema central que es el sacrificio de Isaac. A la izquierda del tímpano se encuentra un relieve con la figura de San Isidoro de León, estando a su lado otra figura de menor tamaño que representa un soldado. Un poco más arriba un conjunto de músicos con diferentes instrumentos de trabajo. A la derecha hay una imagen de San Pelayo y, un poco más arriba, un músico con una fíbula y un joven con un libro en la mano.

Rematando el conjunto se encuentran colocadas en horizontal unas losetas de piedra caliza rectangulares de aproximadamente 35 centímetros de altura. Estas losetas contienen símbolos inscritos en un marco que representan los doce signos del zodiaco. Unas inscripciones nombraban los signos, pero en alguna remodelación fueron retirados estos carteles y se perdieron en su mayoría. Los letreros que se conservan nos pueden sugerir que la disposición actual coincide con la inicial.

Fragmento de la Puerta del Cordero. San Isidoro. León

El primer signo que aparece de izquierda a derecha es el signo de Piscis, luego continua Acuario, Capricornio, etc. Es decir que en esta ocasión se han colocado los signos en el orden diferente al que es habitual. No se conocen las causas de esta decisión.

Hay autores que opinan que este zodiaco se reaprovechó pero que podía provenir de un edificio anterior que quizás estuviese dedicado a Mitra. Algunos soldados de las legiones romanas practicaban el culto a este dios solar de origen persa que había sido aceptado por algunas sectas en el Imperio romano. Al parecer en Astorga y en León existieron sociedades mitraícas. Lesla y Pedrero en su libro *La tumba del último druida*, nos hacen observar la gran abundancia de serpientes que aparecen en estas representaciones del zodiaco. En efecto, Sagitario está rodeado de serpientes y Escorpión está rodeado de una serpiente, también Leo muerde la serpiente. La serpiente, era un animal sagrado para muchos pueblos y una representación de la Vía Láctea[5].

A continuación, describimos cada una de las losetas, así como la mitología asociada a cada signo. Todos los años el sol hace el mismo trayecto por el firmamento pasando por cada una de las constelaciones del zodiaco que fueron exhaustivamente estudiadas por los caldeos. Caldeo y astrólogo venían a ser términos de alguna manera similares. Todos los pueblos crearon leyendas sobre las constelaciones; las que aquí transmitimos son, en su mayoría, griegas[6].

Piscis

Piscis. Su nombre latino es Pisces que significa peces. La explicación mitológica que da Higino es la siguiente: Venus y Cupido fueron sorprendidos por el monstruo Tifón. Para escapar de él, Venus insinuó que se sumergiesen en el agua y se convirtieron en peces. Para no separarse se ataron con una cuerda. En la loseta el mito está representado por dos peces que nadan en sentido contrario atravesados por una lanza.

Acuario

Acuario. El nombre latino es Aquarius, que significa el portador de agua. En la mitología griega el signo se asocia con el mito de Ganimedes, el joven mortal cuya belleza conquistó el deseo de Zeus. El dios enamorado de él lo raptó enviándole un águila y se lo llevó al monte Olimpo convirtiéndolo en su amante y copero. El temor en la antigüedad a ser envenenado mediante la bebida hacía que la persona que servía los líquidos tuviese un gran prestigio. En la loseta vemos al copero y también aparecen unos peces.

Capricornio. El nombre latino es Capricornius que significa cuerno de cabra. El símbolo suele ser, ya desde las tablillas babilónicas, mitad cabra y mitad pez. Se suele identificar en algunas mitologías con el dios con cuernos Pan. Se cuenta que estaba sentado a la orilla del Nilo con otros dioses cuando apareció el monstruo Tifón. Todos los dioses se metamorfosearon para huir de él pero Pan tardó en tomar la decisión de modo que, cuando se sumergió en el rio, la mitad se convirtió en pez pero la parte superior siguió siendo una cabra. En la escultura leonesa vemos un jinete con una capa al aire montado sobre una cabra cuya cola puede ser de serpiente o de un pez.

Sagitario. El nombre latino es Sagitarius que significa arquero. Algunos creen que es un centauro pero otros piensan que es un varón con patas de caballo y cola. En la versión de Erastótenes se nos cuenta que las musas consiguieron que tuviese la técnica de lanzar flechas con lo que podía obtener su sustento y sobrevivir. Las musas le consideraron digno, por ser piadoso, de que Zeus le distinguiese colocándole entre las constelaciones.

Escorpio. Nombre latino es Scorpius que significa escorpión. Representa el escorpión que dio muerte a Orión, un hijo de Poseidón. Orión, bello, fuerte y cazador, quiso forzar a una de las vírgenes que acompañaban a la diosa Ártemis o, en algunas versiones, a la propia diosa. La diosa se defendió enviando un escorpión venenoso que mordió en el talón a Orión y le causó la muerte. La diosa agradecida por el servicio le convirtió en constelación. Más tarde también Orión fue convertido en la constelación que lleva su nombre. Orión en el cielo sigue estando perseguido por el Escorpión, ya que cuando Escorpión asciende Orión huye.

Libra. El nombre latino es Libra, que significa balanza. Es la única constelación del zodiaco que no remite a ningún ser vivo. Hace más de cuatro mil años los sumerios la consideraban la balanza del cielo porque en

Capricornio

Sagitario

Escorpio

Libra

el equinoccio de otoño el sol salía por esta constelación y el día duraba lo mismo que la noche. En la mitología babilónica significa el juicio final en el cuál se pesaban las almas de vivos y muertos. El mismo significado tenía para los egipcios y también para los romanos.

Virgo

Virgo. El nombre latino es Virgo que significa virgen, doncella, siendo la única constelación del zodiaco identificada con una mujer. En ella se ha querido ver la representación de numerosas diosas desde Istar hasta Urania, la musa de la astronomía. Entre las versiones asociadas al signo destacamos:

a. Es Dike, una de las tres Horas, hijas de Zeus y Temis, llamadas Eunomia (Orden) Irene (Paz) y Dike (Justicia).
b. Es la diosa Demeter, porque porta una espiga de trigo.
c. Otros creen que es Erigone, la hija de Icario, asociándola al mito de la introducción del vino en Grecia al que ya nos hemos referido en el primer capítulo al tratar de los *Catasterismos* de Eratóstenes.

Cáncer

Cáncer. Nombre latino que significa cangrejo. El signo se representa por un cangrejo, aunque vemos en la imagen también un pez. Quiere simbolizar que el ser humano abandona su naturaleza inferior para buscar la espiritualidad.

En la mitología griega se creó la siguiente leyenda: Hércules tuvo durante toda su vida como enemiga a la diosa Hera. En su segundo trabajo Hércules tenía que matar a la Hidra del pantano de Lerna que tenía nueve cabezas en forma de serpiente. El héroe aplastaba las cabezas, pero cuando aplastaba una nacían dos o tres en su lugar. Con objeto de hacer más difícil su trabajo la diosa Hera hizo surgir un gran cangrejo del pantano para que mordiese en el talón a Hércules. Hércules mató al cangrejo y con fuego quemó las raíces de la cabeza de la hidra para que no pudiesen regenerarse. Hera colocó al cangrejo entre las estrellas.

Leo. Nombre latino que significa león. En la mitología griega alude a la victoria de Hércules sobre el león de Nemea en el primero de sus doce trabajos. Hércules tenía que vencer a esta fiera que tenía una piel extraordinaria. Después de comprobar que con las armas era imposible, el héroe luchó con el león a brazo partido y logró matarlo y posteriormente desollarlo. Zeus, para inmortalizar la hazaña de Hércules, colocó al león entre las estrellas.

Leo

Geminis. Nombre latino es Gemini que significa gemelos. Los muchachos que representan los Géminis están arrodillados con un libro entre las manos. Se identifican con Castor y Polux los hijos de Leda. Zeus convertido en cisne sedujo a Leda la misma noche de su matrimonio con Tindareo, el rey de Esparta.

Géminis

Leda tuvo cuatro hijos, dos chicas y dos chicos: Helena y Polux de Zeus y Castor y Clitemnestra de su marido. Los dos hermanos de madre siempre estaban juntos. Al morir Cástor, Zeus se llevó a Polux al cielo, pero éste, apenado por la separación de su hermano, no quiso ser inmortal si su hermano no lo era. Zeus, entonces, les concedió estar juntos en el firmamento. Los gemelos son el símbolo de la fraternidad porque no rivalizaron por nada.

Tauro

Tauro. Su nombre latino es Taurus que significa toro. Las mitologías antiguas están repletas de leyendas con toros. Los caldeos pensaban en el sol como en una especie de toro que recorría el camino del cielo. Los egipcios atribuían al toro de Osiris el poder contener el alma de un dios. En la mitología griega Tauro fue el toro en el que se transformó Zeus para raptar a la bella Europa, hija de Agenor y Telefasa. Después de raptarla la llevo a Creta y tuvieron tres hijos, siendo uno de ellos Minos, el rey de Creta.

Aries

Aries. El nombre latino Aries significa carnero. En la mitología griega se le asocia con el vellocino de oro. El rey griego Atamante casado con Nefele tuvo dos hijos Frixo y Hele. Cansado de su mujer la repudió y se casó con Ino, hija del rey de Tebas. Tuvo dos hijos con Ino que quería el trono para ellos, por lo que le estorbaban los hijos del anterior matrimonio. Ella urdió un plan para matarlos, pero fueron salvados porque su madre les envió un carnero con la piel de oro que se llevó a los niños por los aires. Al pasar por el mar que separa Europa de Asia Helle cayó al mar que desde entonces lleva su nombre, Helesponto. Su hermano Frixo se salvó y en testimonio de gratitud sacrificó el carnero a Zeus que colocó su imagen en el firmamento.

En estas representaciones del zodiaco vemos que se hace alusión a las leyendas, pero no a la forma de las constelaciones. Sin embargo, aunque en clave oculta, algunos arquitectos parece que sí las tuvieron en cuenta para planificar su trabajo.

Las constelaciones que el peregrino no ve

En el siglo XI un grupo de intelectuales conoció una traducción latina de un texto atribuido a Hermes Trimegisto. El texto era muy breve y se conoce como la *Tabla esmeralda.* Son solamente unos diez pensamientos. El primero de ellos traducido al castellano dice:

Es indudable, sin mentir, cierto y muy verdadero
Lo que está abajo es como lo que está arriba
Lo que está arriba está abajo
Para hacer milagros de una sola cosa

En la cultura cristiana escuchamos "*Así sea en la tierra como en el cielo*". No es extraño que algunos constructores hayan pretendido llevar esta filosofía a sus obras. Hay investigadores que opinan que las pirámides de Egipto parece que estarían alineadas con el cinturón de estrellas de la constelación de Orión. Esta tradición pudo transmitirse entre algunos constructores medievales llegando a arquitectos del siglo XX.

El castillo de Gisors a 70 Km. de París en Normandía está proyectado teniendo en cuenta la forma de las dos Osas, la Osa Mayor y la Osa Menor en un momento determinado del año[7].

Javier Sierra en su novela *Las Puertas templarías* sugiere que varias de las catedrales góticas francesas construidas en su mayoría por los templarios al unirlas mediante líneas formarían la constelación de Virgo. Uno de los lugares emblemáticos del Camino Francés es Ponferrada, localidad en la que estuvo la Orden del Temple que construyó el Castillo. Esta fortaleza, que se formó sobre construcciones anteriores, ha sufrido muchas modificaciones en el tiempo. En sus doce torres Juan Pedro Morín y Jaime Cobreros han querido ver los planos de las doce constelaciones del zodiaco.

Castillo de Ponferrada

Algunos estudiosos también han interpretado algunas marcas que los canteros medievales hacían en las piedras con determinados signos del zodiaco. Por ejemplo, en la iglesia de San Nicolás en Portomarín hay marcas que se interpretan cómo las representaciones de Cáncer, Virgo, Aries, Escorpio, Géminis, etc[8].

Esta asociación entre el cielo y la tierra pudo seguir ejerciendo su poder entre los arquitectos del siglo XX. *La clave de Gaudi*, una novela de Esteban Martín y Andreu Carranza sostiene la hipótesis de que siete de las obras de Gaudí en Barcelona si se uniesen por líneas en un mapa y se mirasen desde el cielo recordarían el Carro Mayor. Puede ser que el deseo de buscar claves ocultas distorsione la mirada de los autores de la novela, aunque también es casualidad que en el bolsillo de Gaudi cuando fue atropellado trágicamente llevaba textos del Apocalipsis de san Juan y en estos textos al parecer se hace referencia a las siete estrellas del Carro Mayor.

Las estrellas de Compostela

Uno de los lugares más visitados de Santiago de Compostela es la tumba del Apóstol en la Catedral. La tumba que se ve en la actualidad fue construida en el siglo XIX ya que la medieval en la que estaban las supuestas reliquias del Apóstol Santiago fue escondida en la catedral en el siglo XVI por temor a que los piratas que desembarcaban en las costas gallegas las robasen. Su rastro se perdió.

En 1879 el cardenal Miguel Payá y Rico decidió buscar las reliquias y se realizaron excavaciones. Se encontró una urna que contenía huesos en la zona del ábside bajo una estrella de mosaico y en la bóveda también había una estrella. En 1884 el papa León XIII mediante la bula *Deus Omnipotens* estimó que eran los restos del Apóstol.

En el año 1886, tras esta nueva *reinventio* del hallazgo del cuerpo del Apóstol, se construyó una urna de plata para contener las reliquias que estuvo realizada por los orfebres compostelanos Rey y Martínez siguiendo los dibujos de José Losada. En la parte superior de la urna está inscrita una estrella de ocho puntas en un círculo. Del techo cuelga una estrella que incide verticalmente sobre la estrella plana de ocho puntas del sarcófago. Ambas estrellas recuerdan la leyenda de la lluvia de estrellas que se apareció en el siglo IX al eremita Pelayo para indicarle dónde estaba el sepulcro del Apóstol.

¿Cuál sería la configuración del cielo nocturno sobre Santiago de Compostela, allá por las décadas segunda y tercera del siglo IX, cuando se supone se realizó el descubrimiento, la primera *inventio*? Existen varios programas de ordenador que permiten simular el cielo nocturno en un momento determinado de tiempo y en un lugar. Antón Bouzas en su artículo *Aportaciones para una reinterpretación astronómica de Santiago de Compostela* nos ofrece una simulación de este cielo en el año 813, fecha que durante mucho tiempo se mantuvo como del descubrimiento del sepulcro. Hoy se sabe que "el descubrimiento" fue posterior pero la idea de reproducir el cielo nocturno durante aquellos años mediante una simulación es atractiva.

Sepulcro del Apóstol Santiago

El orto heliaco de algunas estrellas tenía una gran importancia en las culturas agrícolas y los gallegos prerromanos no eran una excepción. Sin embargo, al no dejar documentos escritos no conocemos los astros, seguramente relacionados con dioses, que para ellos eran importantes. Según Bouzas el Libradón, donde estaba la antigua ciudad de Compostela era un lugar sagrado empleado como parte de un observatorio astronómico. Lo cierto es que Santiago de Compostela surgió por la peregrinación y está asociada con las estrellas por la leyenda del descubrimiento y por la Vía Láctea. Así que no es extraño que en alguno de los monumentos más emblemáticos de la ciudad aparezca una estrella que nos recuerde sus orígenes.

Entre ellos la Fuente de los Caballos en la plaza de Platerías, probablemente la fuente más famosa de Santiago. Fue realizada en el año 1825 por J. Pernas. El escultor Juan San Martín le añadió posteriormente la alegoría de la ciudad de Santiago, una mujer sobre el arca apostólica que sostiene en su brazo la llamada estrella de Compostela. Algunos turistas tiran una moneda a esta fuente, al igual que se hace en otras fuentes europeas, pidiendo un deseo. También en la plaza de Platerías se encuentra la Casa del Cabildo, conocida también como Casa de la Estrella, uno de los edificios barrocos más notables de la ciudad que se adorna con una estrella en la parte superior de su fachada.

Fuente de los caballos

Escudo de Santiago de Compostela

Por último, el escudo de la ciudad llevaba una urna que hace referencia a la que contiene los restos del Apóstol y se presenta descansando en una especie de nube. Sobre ella hay una estrella de color amarillo. Este escudo ha sido modificado en el año 2002 pero el nuevo, más ambicioso, sigue en la parte izquierda conservando la urna y la estrella, que es lo que según la tradición, originó la ciudad.

Las estrellas de los dos escudos de Santiago no son idénticas. El texto por el que se reguló el escudo alude a la estrella, pero no dice el número de puntas que tiene. En la catedral de Bilbao, dedicada al apóstol Santiago, aparece también en una de las puertas, la puerta oeste, una estrella de ocho puntas.

El laberinto y la Vía Láctea

Se puede encontrar una cierta similitud entre dos representaciones artísticas, una realizada desde la prehistoria, el laberinto y otra en el siglo XXI, un diseño por ordenador de la Vía Láctea. El laberinto es uno de los símbolos que se ha repetido desde la prehistoria en muchos lugares diferentes del planeta. Hay laberintos en monedas cretenses, en grafitos pompeyanos, en mosaicos de Conímbriga en Portugal, en el distrito indio de Salém en Madrás, en la América precolombina y en Galicia. Uno de los laberintos tallados en piedra más famoso de Galicia es el de Mogor cerca de la playa del mismo nombre, a unos treinta y cinco kilómetros de Vigo.

Hay laberintos de formas muy distintas: circulares, cuadrados, en espiral, etc. Los laberintos gallegos en piedra suelen ir acompañados de otras representaciones, al igual que sucede en otras partes del planeta. No sabemos exactamente el significado del laberinto y si éste era el mismo para todos aquellos que lo han representado, o por el contrario, su simbolismo variaba de unas zonas a otros y de unos tiempos a otros.

En la Edad Media algunos constructores emplearon la representación del laberinto en el suelo en catedrales tan importantes como la de Chartes en Francia. Charpentier lo asocia con un fenómeno solar que sucede el día 21 de junio, día del solsticio de verano. Un rayo de sol penetra por una vidriera para iluminar un círculo que se cree se marcó con este propósito en el suelo de la catedral. Si fuese así estaríamos ante un marcador solar en la línea seguida por los constructores, aunque, otros estudiosos no tienen tan clara esta asociación.

Lo que si ha calado en determinados círculos de personas es la relación del laberinto con un camino que hay que ir recorriendo hacia el interior, hacia el centro, hacia el conocimiento de uno mismo. En este sentido el laberinto, como el camino de Santiago, es un camino iniciático, un camino de conocimiento y transformación.

De alguna manera el laberinto como símbolo se puede asociar al Camino de Santiago del mismo modo que también hay quien le asocia otro laberinto, el juego de la Oca, aunque esta asociación no tiene ningún fundamento comprobado. A su vez, probablemente desde épocas prehistóricas, el Camino está asociado a la Vía Láctea luego simbólicamente se podría establecer una relación entre el laberinto y la Vía Láctea.

Por otra parte, las representaciones que actualmente se obtiene por ordenador de la Vía Láctea nos sugieren un laberinto y es que, en verdad, cada uno de los brazos de la Vía se comporta, al parecer, como una espiral logarítmica, aunque esto es todavía una hipótesis.

Epílogo

La recompensa de las estrellas

A lo largo de este libro se han expuesto distintas concepciones que sobre la Vía Láctea tuvieron diversos pueblos en la Antigüedad. En algunas culturas el camino celeste se correspondía con uno terrestre, ya fuese una peregrinación a lo largo del Ganges o el camino que Hércules siguió en su copa del sol hacia Iberia. No conocemos qué pensaban de la Vía Láctea muchos pueblos de los que no nos han quedado testimonios escritos; entre ellos los que se dirigieron a las costas del oeste gallego antes de la cristianización o los que peregrinaban por las montañas Kii japonesas.

La Iglesia Católica en la Edad Media cristianizó unas rutas terrestres y marítimas hacia Compostela. Estas rutas habían sido recorridas desde la antigüedad por diversos pueblos siendo los romanos quienes comenzaron a mejorar las vías de acceso. Pero la Iglesia Católica no solamente quiso evangelizar la tierra sino que también aspiró a ejercer su dominio sobre los cielos, en concreto sobre la Vía Láctea, identificándola con el camino de Santiago.

La Iglesia Católica del siglo XXI cede uno de sus espacios sagrados más simbólicos, la catedral de Santiago de Compostela, para que monjes y sacerdotes de otras religiones puedan realizar una demostración de algunos de sus ritos ceremoniales. En los últimos años siempre hay un grupo de japoneses que realiza el camino de Santiago. Las encuestas que se publican no aclaran si son budistas, sintoístas, cristianos o quizás laicos; en realidad poco importa si recorren el camino en una búsqueda espiritual.

Poco se parecen los esfuerzos que realizamos los peregrinos del siglo XXI, con nuestros deportivos y nuestros móviles en la mochila, a los que hacían los peregrinos ancestrales. Pero tampoco eran iguales las vivencias y las recompensas. Diariamente darían gracias a sus dioses al atravesar los bosques sagrados y encontrar manantiales de agua que les permitían apagar la sed y también bendecirían el poder vivir un día más y contemplar el cielo nocturno, al que probablemente temían y amaban mucho más que nosotros. Ello les proporcionaría una sensación de felicidad, que nosotros hemos perdido; igual que estamos perdiendo la capacidad de ver de lejos por el uso de todas las tecnologías actuales, por lo que el *homo* va a pagar un alto precio.

¿Cuál fue la recompensa obtenida por esos peregrinos, auténticos héroes de esta historia, que acompañados por la Vía Láctea se dirigieron a los distintos santuarios del planeta, entre ellos los situados en los finisterres del oeste gallego y las montañas sagradas de Japón? Cada ser humano matiza las creencias recibidas de su grupo cultural hasta formar las suyas propias, y con ellas marcha por "el camino de las estrellas" con sus deseos. Al final, la recompensa, la *Compostela de las estrellas*, es única para cada ser humano, como única es su peregrinación en la vida.

Notas

Capítulo 1

1. HEARN, L. *El romance de la Vía Láctea,* pp. 18-54.
2. ALONSO ROMERO, F. "Las creencias astrales y el camino jacobeo hasta Finisterre" en *Cultura y literatura popular,* p. 31.
3. VIOLANT I SIMORRA, R. *El Pirineo español,* p. 489.
4. CAAMAÑO ARANGUREN, J. "*Camino estrellado*" en Revista *Peregrino* 55-56, pp.36-37.
5. ALONSO ROMERO, F. "Las almas y las abejas en el rito funerario gallego del abellón" en *Anuario Brigantino* 23, pp.75-84.
6. CICERÓN. *De república,* pp. 204-205.
7. MACROBIO en "*Comentario al sueño de* Escipión" en *Investigaciones en astrología,* volumen II, p. 729.
8. ALONSO ROMERO, F. "Las creencias astrales y el camino jacobeo hasta Finisterre" en *Cultura y literatura popular,* p. 43.
9. BOYER, *Historia de la matemática,* pp. 96-116.
10. ARISTÓTELES, *Acerca del cielo, Meteorológicos,* pp. 271-275.
11. MURDIN, Paul. *Secretos del universo,* p. 20.
12. SAGAN, Carl. *Cosmos,* p. 172
13. VEGUÍN CASAS, Mª. V. *Historia de las Matemáticas en la Península Ibérica,* pp. 90-91.
14. HIGINIO, *Poeticum astronomium,* pp. 295-296.
15. OVIDIO. *Metamófosis,* pp. 273-289.
16. SAN ISIDORO. *Etimologías,* v.1, p. 461.
17. SAN ISIDORO. *Etimologías,* v.1, p. 465.
18. SAN ISIDORO. *Etimologías,* v.1, p. 465.

Capítulo 2

1. GRANADA, Miguel A. *Bernardino Telesio. Sobre los cometas y la Vía Láctea*, pp. 66-70.
2. GRANADA, Miguel A .*Bernardino Telesio. Sobre los cometas y la vía láctea*, Introducción p. LXXI.
3. FINICIO, Marsilio. *Comentario a el Banquete de Platón*, p. 128.
4. SINGER Dorithea W.S. *Giordano Bruno: His Life and Thought*, p. 304.
5. GALILEO. *Sidereus Nuncius*, Edición del MNCYT, p. 69.
6. PERÉZ, J y SOLS, J." Domingo de Soto en el origen de la ciencia moderna" en *Revista de filosofía* número 12, pp. 455-476.
1. VEGUIN CASAS, Mª.V. Los españoles que influyeron en Galileo en http://www.profesores.net/newweb/fis/apieaula2.asp?id_contenido=58988.
7. KEPLER. *Conversación con el mensajero sideral*, p. 173.
8. KRAGH, Helge. *Historia de la cosmología*, p. 111.
9. AVERBUG. *Con el cielo en el bolsillo*, p. 205.
10. BERNAL, Antoni. *Historias de tierra y cielo*, p. 79.
11. FERNÁNDEZ MACARRÓN, J. *La Galaxia en un Campo de Futbol*, p. 30.
12. FERNÁNDEZ MACARRÓN, J. *La Galaxia en un Campo de Futbol*, pp. 109-139.

Capítulo 3

1. SECHI,M.G *Diccionario Akal de mitología universal*, p. 302,S.
2. SARKISIAN, V. *Algunos aspectos mitológicos de la teoría vasco-armenia*, pp. 15-44.
3. MILLET, V. *Héroes de libro: poesía heroica en las culturas anglogermánicas medievales*, p. 114.
4. VEGUÍN. Mª. V. *Matemáticas y Camino de Santiago*, pp. 19-25.
5. VV. AA. *Códice Calixtino*, pp. 479-480.
6. VV. AA. *Códice Calixtino*, pp. 586-589.
7. VV. AA. *Códice Calixtino*, p. 2.
8. PAZ DE SANTOS, M. "¿Mil doscientos años del descubrimiento de la tumba del Apóstol?". En Revista *Peregrino* nº.147-148,pp.44-46.
9. VV. AA. *Códice Calixtino*, año 2004, p. 412.
10. VÁZQUEZ de PARGA. *Las peregrinaciones a Santiago de Compostela*, pp. 499- 507.
11. VEGUÍN CASAS, Mª Victoria. "Gerberga de Flandes: un misterio en el *Calixtino*" en Revista *Peregrino* 153-154, pp.31-33.
12. LÓPEZ ALSINA F., *O s´eculo de Gelmírez.* p. 307.
13. LÓPEZ ALSINA F., *O s´eculo de Gelmírez.* pp. 325-328.
14. VV. AA. *Códice Calixtino*, pp. 478-481.

Capítulo 4

1. VV. AA. *Gran enciclopedia del camino de Santiago*, tomo VII, pp. 18-23.
2. VV. AA. *Códice Calixtino*, pp. 503- 504.
3. VV. AA. *Códice Calixtino*, pp. 503- 504.
4. RISCO, V. *Historia de Galicia*, pp. 12-14.
5. BLUESTONE, J. *El regreso de los niños de la luz*, pp. 60-65.
6. SAINERO Ramón. *Los orígenes de la leyenda de Breogan*, pp. 71-83.
7. PEÑA GRANDE, A y ERÍAS MÁRTINEZ, A, "O ancestral camino de peregrinación ó fin del mundo" en *Anuario* Brigantino nº29,pp.23-39.
8. SANTOS YANGUAS, Narciso. "El culto a los lares en Asturias" en Revista de historia de las religiones, nº17, pp. 73-84.
9. ONEGA, Ramón. *Los judíos en el Reino de Galicia*, pp. 33-45.

Capítulo 5

1. CHEVALIER y GHEERBRANT, A. *Diccionario de símbolos*. pp. 1064-1065.
2. HATWAY, N. *El universo de los curiosos*, p. 308.
3. TAUBE, K. *Mitos Aztecas y* mayas, p. 82.
4. Vía láctea en http://es.wikipedia.org/wiki/Mitolog%C3%ADa_finesa.
5. Vía Láctea en http://es.wikipedia.org/wiki/Mitolog%C3%ADa_estonia.
6. VV.AA. *Gran Enciclopedia del Camino de Santiago*, tomo XVIII, pp. 69-72.
7. VV.AA. *Liber Sancti Jacobi. "Codex Calixtinus"* Libro IV. Edición en versión latina de K. Herbers y M.Santos Noia, pp. 13-14.
8. VAZQUEZ DE PARGA, *Las peregrinaciones a Santiago de Compostela*, I, pp. 530-531.
9. VAZQUEZ DE PARGA, *Las peregrinaciones a Santiago de Compostela*, I, p. 531.
10. RISCO, V. *Historia de Galicia*, 1979, I, 28.
11. VELASCO, Enrique y Pedro. *Guía del cielo*, pp. 12-41.
12. MIRAZ SECO, V. Margery Kempe, *Una peregrina inglesa en la Compostela Medieval en Mujeres y peregrinación en la Galicia medieval*, pp. 206-226.
13. HATWAY, N. *El universo de los curiosos*, p. 308.
14. COBREROS, Jaime. "EL Camino Iniciático de Santiago" en *Heterodoxos del Camino de Santiago*, p. 132.

Capítulo 6

1. VV. AA. "Encuesta de peregrinos año 2011" en Revista *Peregrino* nº140, pp. 30-33.
2. FERNÁNDEZ PÉREZ, I. Aproximación histórica al desarrollo de la astronomía en España, pp. 386-388.
3. MACLAINE, S. *El Camino*, p. 31.
4. VEGUÍN CASAS Mª. V. *Historia de las Matemáticas en la Península Ibérica*, pp. 387-393.
5. CHEVALIER y GHEERBRANT, A. *Diccionario de símbolos*, p. 956.
6. VV. AA. D Espasa Calpe, tomo VI, p. 3206.
7. NOVILLO, J y DEL VALLE, E. "Crepúsculos y salidas del sol, regalos del Camino de Santiago" en Revista *Peregrino*98, pp.32-33.
8. ALSINA, C., Geometría para turistas, pp. 100-101.
9. CHEVALIER y GHEERBRANT, A. *Diccionario de símbolos*, p. 956.
10. MARTÍNEZ CAVA, J. "Cuando la Vía Láctea bajo al páramo" en Revista Peregrino 91, p. 40.
11. BRAVO LOZANO, M. Guía del peregrino, pp. 150-157.

Capítulo 7

1. OSTER. *Astronomía moderna*, p. 169.
2. ROS, R. *La música de las esferas*, pp. 28-30.
3. FERNÁNDEZ MACARRÓN, J. *La Galaxia en un campo de futbol*, pp. 57-87.
4. VV. AA. *Códice Calixtino*, pp. 499-501.
5. VEGUÍN CASAS, Mª.V. "Midiendo el universo en Caminos de Santiago" en Revista *Peregrino* 157, pp.27-29.
6. VELASCO, E y P. *Guía del cielo*, p. 53.
7. SAGAN, C. *Los dragones del Edén*, pp. 27-31.

Capítulo 8

1. HATWAY, N. *El universo para curiosos*, pp. 414-418.
2. HATWAY, N. *El universo para curiosos*, pp. 424-429.
3. VAZQUEZ DE PARGA, L. *Las peregrinaciones a Santiago de Compostela*, pp. 499-534.
4. CHAO de la MATA, C. "Federico García Lorca y su Santiago" en Revista Peregrino 123-124, pp.44-45.
5. OLANO, A. *La Gran Vía se ríe*, pp. 133-146.
6. ORTIZ, J. A. "Luis Buñuel y su Vía Láctea" en Revista *Peregrino* 125, pp. 36-37.
7. VV. AA .*Gran enciclopedia del Camino de Santiago*, tomo VII, pp. 122-124.

Capítulo 9

1. VEGUIN CASAS, Mª.V. *Historia de las matemáticas en la Península* Ibérica, pp. 21-23.
2. HATWAY, N. *El universo para curiosos*, pp. 424-429.
3. ZÜÑIGA, G. "Un saludo del cielo a Santa María en los Arcos" en *Estafeta Jacobea* 96, pp. 48-49..
4. LEMA, R. *El Camino secreto de Santiago*, p. 235.
5. LESTA y PEDRERO, *La tumba del último druida*, p. 129.
6. HATWAY, N. *El universo para curiosos*, pp. 383-398.
7. MORIN, J. P. y COBREROS, J. *EL Camino Iniciático de Santiago*, p. 182.
8. MÁRTINEZ, T. *El secreto de Compostela*, p. 153.

Bibliografía

ALONSO OCALA, Luis. *Santiago-Kumano.* Santiago de Compostela, Conselleria de Innovación e Industria, 2008.

ALONSO ROMERO, F. "LAS CRENCIAS ASTRALES Y EL CAMINO JACOBEO HASTA FINISTERRE" en *Cultura y literatura popular.* Junta de Andalucía, Arcibel Editores, 2005.

ALSINA, C. *Geometría para turista.* Barcelona, Ariel, 2009.

ARISTÓTELES. *Acerca del cielo. Metereológicos.* Madrid, Gredos, 1996.

ATIENZA, Juan G. *La ruta sagrada.* Barcelona, Ediciones Robinhook, 1992.

AVILA GRANADOS, Jesús. *La mitología celta.* Madrid, Ediciones Martínez Roca, 2007.

AVERBUG, Eduardo. *Con el cielo en el bolsillo: la astronomía a través de la historia.* Madrid, Ediciones de la Torre,1990.

BERNAL GÓNZALEZ, Antonio. *Historias de tierra y cielo.* Barcelona, Antares, 2006.

BOYER, Carl B. *Historia de la matemática.* Alianza Editorial, Madrid, 1986.

BOUZAS SIERRA, Antón. *Aportaciones para una reinterpretación astronómica de Santiago de Compostela.* Betanzos, Anuario Brigantino, 2009.

BRAVO LOZANO, M. *Guía del Peregrino.* León, Everest, 1993.

CAAMAÑO ARANGUREN, Juan. "Camino estrellado" en *Revista Peregrino*,55-56, pp.36-37, 1997.

CHAO MATA, Constantino. "El tema jacobeo en la novela" en *Revista Peregrino,* 104, pp. 38-39,2006.

— "Federico García Lorca y su Santiago: Balada ingenua" en *Revista Peregrino,* 123-124, pp.44-45, 2009.

CHEVALIER, J. y GHEERBRANT, A. *Diccionario de símbolos.* Barcelona, Herder, 2009.

CORPAS MAULEÓN, Juan Ramón. *Curiosidades del Camino de Santiago.* Madrid, El País Aguilar, 1982.

DAMIAN CANO, Pedro. *Los celtas. La Europa del Hierro y la Península Ibérica.* Madrid, Silex, 2002.

ERASTOTENES. *Mitología del firmamento.* Alianza Editorial, Madrid, 1999.

FERNÁNDEZ ARENAS, José. *Elementos simbólicos de la peregrinación jacobea.* León, Edilesa, 1998.

FERNÁNDEZ MACARRON, Juan. *La Galaxia en un campo de futbol.* Madrid, Sirius, 2009.

FERNÁNDEZ PÉREZ, Iván. *Aproximación histórica al desarrollo de la astronomía en España.* Santiago de Compostela, Universidad de Santiago de Compostela, 2010.

FINICIO, Marsilio. *Comentario a el banquete de Platón.* Madrid, Tecnos, 2008.

FLAMEL, Nicolás. *El libro de las figuras jeroglíficas.* Barcelona, Obelisco, 1996.

GALILEI, GALILEO. *Sidereus Nuncius. La gaceta sideral.* Madrid, Alianza Editorial, 2007.

GRANADA, M, A. *Bernardino Telesio. Sobre los cometas y la Vía Láctea.* Madrid, Tecnos, 2012.

HEARN, Lafcadio. *El romance de la Vía Láctea.* Calpe, Madrid, 1921.

HERRERA, Ramón. *Cine jacobeo: El Camino de Santiago en la pantalla.* Pamplona, la Cineclopedia, 2008.

HIGINIO, Cayo Julio. *Poeticum astronomicum.* Madrid, Ediciones Akal, 2008.

HUIDOBRO SERNA, Luciano. *Las peregrinaciones jacobeas.* Madrid, Publicaciones del Instituto de España, 3 vol. 1949-1951.

IFRAH, G. *Las cifras. Historia de una gran invención. Madrid, Alianza Editorial, 1987.*

KEPLER, J. *Conversación con el mensajero sideral.* Madrid, Alianza Editorial, 2007.

KRAGH, Helge. *Historia de la cosmología.* Madrid, Crítica, 2007.

LEÓN, M, MARRERO, J.C y MARTÍN DE DIEGO, D. *Las matemáticas del sistema solar.* Madrid, CSIC, 2009.

LERALTA, Javier. *Las peregrinas cosas del Camino.* Madrid, La librería, 1993.

LEMA, Rafael. *El Camino secreto de Santiago: la ruta pagana de los muertos.* Madrid, Edaf, 2007.

LESTA, José y PEDRERO, Miguel. *La tumba del último druida.* La Coruña, Cydonia, 2010.

LLEONART AMSÉLEM, Alberto, J. *El Camino de Santiago y Europa. Contexto histórico y raíces cristianas.* Madrid, Biblioteca de Autores Cristianos, 2007.

LÓPEZ ALSINA, Fernando. *La ciudad de Santiago de Compostela en la Alta Edad Media.* Compostela, 1988.

— "Diego Gelmírez.Las raíces del Liber Sancti Jacobi y el Codice Calixtino" en *O s´eculo de Gelmírez.* Santiago de Compostela, Concello de Cultura Gallega, 2013.

LÓPEZ, Adriana. *De mitos, estrellas y cosmogonías en las tierras del cóndor sur.* Editorial Brujas, Ciudad de Córdoba, Venezuela, 2008.

LÓPEZ MARTÍNEZ MORAS. *Épica y Camino de Santiago. En torno al Pseudo Turpín*. Sada, A Coruña, 2002.

LORENZO ARRIBAS, Josemi. *Hildegarda de Bingen*. Madrid, Ediciones del Orto, 1996.

LUNA, Rafael. *El camino secreto de Santiago. La ruta pagana de los muertos*. Madrid, Edaf, 2007.

MacLaine, Shirley. *El camino: un viaje espiritual*. Barcelona, De bolsillo, 2001.

MACROBIO. *Comentario al sueño de Escipión*. Siruela, Madrid, 2005.

MALABIA, Vicente. El cielo estrellado" en *Revista Peregrino*, nº81-82,pp.42-44, 2002.

— "El cielo en primavera y verano" en *Revista Peregrino*, 87-88, pp.40-42, 2002.

— "El cielo en otoño e invierno" en *Revista Peregrino*, 84, pp. 36-37,2003.

MARTÍN ASÍN, Fernando. *Todas las constelaciones del cielo*. Madrid, Martín Asín, 1995.

MARTÍNEZ CAVA, Jorge. "Reliegos, 1947. Cuando la Vía Láctea bajó al páramo" en *Revista Peregrino* 91, p.40, 2004.

MARTÍNEZ Tomé. *El secreto de Compostela*. Ourense, Bell Book, 1999.

MILLET, Victor. *Héroes de libro: poesía heroica en las culturas anglogermánicas medievales*. Santiago de Compostela, Universidad de Santiago de Compostela, 2007.

MORENO CORRAL, Marco Arturo. *La morada cósmica del hombre*. México, Fondo de Cultura Económica, 1997.

MORÍN, J y COBREROS, J. *El camino iniciático de Santiago*. Barcelona, Ediciones 28,1999.

MURDIN, Paul. *Secretos del universo*. Madrid, Akal, 2009.

OCHOA DE ZABALEGUI, Juan José. *Del crónlech pirenaico: descodificación astronómica de una religión olvidada*. San Sebastián, Txertoa, 1998.

OLANO, Antonio. *La Gran Vía se ríe*. Madrid, Visor, 2011.

ONEGA, Ramón. *Los judíos en el reino de Galicia*. Madrid, Editora Nacional, 1999.

OSTER, L. *Astronomía moderna*. Barcelona, Reverté, 1979.

ORDÓÑEZ J. y RIOJA,A. *Teorías del universo,* 3 volúmenes. Madrid, Sintésis, 1999.

ORTIZ, José Antonio. "Luis Buñuel y su "Vía Láctea" (1968)" en *Revista Peregrino,* número 125, pp.36-37, 2009.

OTERO PEDRAYO, R. *Historia de Galicia*. Madrid, Akal, 1979.

OVIDIO N. P. *Metamorfosis*. Libros I-V. Gredos, 2008. Libros VI-X. Gredos, 2012.

PAZ DE SANTOS, Manuel. "¿Mil doscientos años del descubrimiento de la tumba del Apóstol?" En *Revista Peregrino,* nº 147-148, pp.44-46.2013.

PEÑA GRANDE, A y ERÍAS MÁRTINEZ, A. " O ancestral camino de peregrinación ó fin del mundo" en *Anuario Btigantino,* 2006.

PERÉZ, J y SOLS, J." Domingo de Soto en el origen de la ciencia moderna" en Revista de Filosofía nº 12, pp.455-476, 1994.

PLATÓN. *Timeo. Diálogos*. Madrid, Editorial Gredos, 1992.

PLÖTZ, R. "Iter Stellarum: la visión de Carlomagno en el Codex Calixtinus" en *Actas del Seminario José Antonio Cimadevilla Covelo de Estudios Jacobeos, 2006.* "Las edades del Camino. Santiago y Europa" en *Revista Peregrino* nº 102, pp.15-25, 2005.

RISCO, Vicente. *Historia de Galicia*. Santiago de Compostela, Galaxia, 1971.

ROS, Rosa. *La música de las esferas*. Barcelona, RBA, 2011.

SAGAN, Carl. *Los dragones del Edén*. Barcelona, RBA, 1993.

— *Cosmos*. Barcelona, RBA, 1992.

SAINERO Ramón. *La huella celta en España e Irlanda*. Madrid, Akal, 1998.

— *Los orígenes celtas del reino de Brigantia; la génesis de España.* Madrid, Abada,2009.

— *San Andrés de Teixido y las islas del más allá.* Noia, A Coruña, Toxosasautos, 2009.

— *Los orígenes de la leyenda de Breogan.* Madrid, Akal, 2013.

SÁNCHEZ PEREZ, J. A. *Supersticiones españolas. Madrid, 1948.*

SAN ISIDORO DE SEVILLA. *Etimologías.*(Traducción de José Oroz y Manuel Marcos) Madrid, Biblioteca de autores cristianos, año MM.

SANTOS SANTOS, Demetrio. *Investigaciones sobre astrología.* Madrid, Editora Nacional, 1978.

SANTOS YANGUAS, Narciso. "El culto a los lares en Asturias" en *Revista de historia de las religiones,* nº 17, pp.73-84, 2012.

SARKISIAN, V. "Algunos aspectos mitológicos de la teoría vasco armenia" en *Fontes linguae vasconum,* nº59,1992.

SECHI MESTIKA,G. Diccionario Akal de Mitologia Universal Madrid, Akal, 1998.

SINGER W.S. , *Giordano Bruno:His Life and Thought;* Henry Schuman; New York, 1950.

SOLIS MIRANDA, José Antonio. *La verdad sobre el camino de Santiago.* La Coruña, El Arca de papel, 2003.

SORIA Y PUIG, Arturo. *El Camino a Santiago: vías, viajes y viajeros de antaño.* Madrid, Ministerio de Obras Públicas, 1991.

TAUBE, K. *Mitos aztecas y mayas.* Madrid, Akal, 1996.

TELESIO, Bernardino. *Sobre los cometas y la vía láctea* .Madrid, Tecnos,2012.

VÁZQUEZ MOYA, Encarnación y NOVILLO FERTREIL PAREDES, José María. "Crepúsculos y salidas de sol, regalos del camino de Santiago" en *Revista Peregrino,* número 98, pp.32-33, 2005.

VAZQUEZ DE PARGA, L.; LACARRA, J, M. y URÍA RÍU, J. *Las peregrinaciones a Santiago de Compostela*, 3 vols. Madrid, CSIC, 1949.

VÁZQUEZ JIMÉNEZ Sebastián. *El tarot de los dioses egipcios.* Madrid, Edaf, 2000.

VEGUÍN CASAS, María Victoria:

— *Matemáticas y Camino de Santiago.* Madrid, Ediciones del Orto, 1998.

— *Historia de las matemáticas en la Península Ibérica. Desde la prehistoria al siglo XV.* Barcelona, Editorial Reverté, 2010.

— "Gerberga de Flandes: un misterio en el Calixtino" en *Revista Peregrino* 153-154, pp.31-33, 2014.

— "Midiendo el universo en Caminos de Santiago" en *Revista Peregrino* 157, pp.57-59, 2015.

VELASCO, E y VELASCO P. :

— *Guía del cielo.* Ediciones Proclivel, 2014.

— *Guía del cielo.* Ediciones Proclivel, 2013.

VIOLANT I SIMORRA, R. *El pirineo español.* Barcelona, Editorial Alta Fulla, 1989.

VIVES, T. *Astronomía de posición.* Madrid, Alhambra, 1991.

VV.AA. *Bibliografía del Camino de Santiago.* 2 tomos. Madrid, Ministerio de Educación, Cultura y Deporte, 2000.

VV. AA. *Liber Sancti Jacobi. "Codex Calixtinus"* Traducción de A.Moralejo, C.Torres y A.Feo. Xunta de Galicia, 1998.

VV. AA. *Liber Sancti Jacobi. "Codex Calixtinus"* Libro IV. Edición en versión latina de K. Herbers y M.Santos Noia. Traducción al castellano A. Moralejo, C. Torres y J. Feo. Xunta de Galicia , 2001.

VV. AA. *Actas del IV Congreso Internacional de estudios jacobeos.* Principado de Asturias, 2004.

VV. AA. *Diccionario Espasa Calpe,* tomo VI. Madrid, Espasa Calpe, 1988.

VV. AA. *Gran enciclopedia del Camino de Santiago.* La Coruña, Bolanda, 2010.

VV. AA. *Heterodoxos en el Camino de Santiago.* Pamplona, Ayuntamiento, 1993.

VV. AA. *Historia de las mujeres en Occidente. Tomo II. La Edad Media.* Madrid, Taurus,1992.

VV. AA. *Mujeres y peregrinación en la Galicia medieval.* Santiago de Compostela. Instituto de Estudios Gallegos, 2010.

ZUÑIGA, G. "Un saludo del cielo a Santa María de los Arcos" en *Estafeta Jacobea 96*, pp.48-49,2010.

Anexo bibliográfico

Relación de las referencias a la Vía Láctea en la *Bibliografía del Camino de Santiago* publicada en el año 2000 por el Ministerio de Educación a las que se hacía referencia en la Introducción:

— Referencia 1541: CAAMAÑO, Juan. "Camino estrellado " en *Peregrino, número 55-56(*1997), pp.36-37. Breve artículo sobre la Vía Láctea y las estrellas del Camino.

— Referencia 1860: CASSANYA, Vicente."A Santiago por el Camino de las estrellas" en *Heterodoxos en el Camino de Santiago.* Pamplona, Ayuntamiento, 1990.,pp.13-18.Trata de algunas analogías entre la Vía Láctea y el Camino, por ejemplo en la marcha de la Vía Láctea entre los signos de Géminis y Sagitario que simbolizan los viajes o la relación del camino con el signo de Sagitario.

— Referencia 3320: GONZÁLEZ ALEGRE, Ramón. "Luz en la Vía compostelana" en *La noche,* nº 14223(22 de junio de 1967),p.3. Artículo dedicado a la Vía Láctea que acompaña al peregrino en la ruta jacobea.

— Referencia 4537: MON; Fernando. "El camino luminoso" en *La Voz de Galicia LXXIII* (1954), nº 23723, p.3. Artículo muy breve que compara dos centros de peregrinación Roma y Compostela defendiendo que el segundo es más genuino porque va acompañado de la Vía Láctea.

— Referencia 4758: NUÑEZ RAMÓN, "Vía Láctea: Camino y torbellino/ Vía Láctea:camino e turbillon" en *Itinere:Camiño e caminantes ,decembro 1993 ,febreiro, 1994.* Santiago de Compostela. Centro Galego de Arte Contemporáneo, 1994, pp.87-97.

Páginas Web

"El nacimiento de Venus (Boticelli)" en wikipedia

"El nacimiento de la Vía Láctea. Rubens" en wikipedia.

"Faetón. Liss" en wiikipedia

"Las almas y las abejas en el rito funerario del abellon". Alonso Romero, Fernando en http://anuariobrigantino.betanzos.net/Ab2000PDF/2000_075_084.PDF.

"Los españoles que influyeron en Galileo" VEGUIN CASAS, Mª.V. en http://www.profesores.net/newweb/fis/apieaula2.asp?id_contenido=58988.

"Milky way" en http://en.wikipedia.org/wiki/.

Página web oficial de la Asociación Celfosc en http://www. celfosc.org.

Página web oficial de la Federación de Asociaciones de Amigos del Camino de Santiago en http//www.peregrinossantiago.es/.

Página web oficial de la International Dark Sky Associatión en http://www. darksky.org/.

Página web oficial de la iniciativa Starlight en http://www.starlight2007.net/.

Vía láctea en http://es.wikipedia.org/wiki/Mitolog%C3%ADa_finesa.

Vía Láctea enhttp://es.wikipedia.org/wiki/Mitolog%C3%ADa_estonia.

"Willian Herschell " en Wikipedia. La enciclopedia libre.

Este libro se terminó de imprimir en
Huarte, Navarra, en el mes de
febrero de 2016

Made in the USA
Monee, IL
06 November 2026

67383123R00118